肉驴养殖实用技术

主　编
潘兆年

副主编
侯锡雷　潘兴川　潘鸿谕

编著者
（按姓氏笔画排序）
王喜鹏　王吉良　李跃震
李嵩先　梁　媛　臧迎秋

金盾出版社

内 容 提 要

本书主要内容包括我国养驴业概述、肉驴生产的环境条件、驴的选育与繁殖、驴的营养与饲料、驴的饲养管理、肉用驴的生产技术、驴场的防疫卫生和疫病防治以及驴肉产品的生产加工。本书内容全面，对肉驴生产的各个环节做了详细的讲解，适合广大养驴从业人员阅读参考。

图书在版编目(CIP)数据

肉驴养殖实用技术/潘兆年主编 .— 北京 ：金盾出版社，2013.12(2019.4 重印)

ISBN 978-7-5082-8800-0

Ⅰ.①肉… Ⅱ.①潘… Ⅲ.①肉用型—驴—饲养管理 Ⅳ.①S822

中国版本图书馆 CIP 数据核字(2013)第 222769 号

金盾出版社出版、总发行

北京太平路 5 号(地铁万寿路站往南)

邮政编码:100036 电话:68214039 83219215

传真:68276683 网址:www.jdcbs.cn

北京万博诚印刷有限公司印刷、装订

各地新华书店经销

开本:850×1168 1/32 印张:6.75 字数:158 千字

2019 年 4 月第 1 版第 6 次印刷

印数:17 001～20 000 册 定价:21.00 元

序　言

我国养驴有1000多年的历史，为人类解决劳动力做出很大贡献。随着我国机械化的发展，劳动力作用已被机械所替代，但驴的经济价值越来越受到重视，已被列为特种养殖畜禽之一。驴是单胃草食动物，食量小，排放量低、抗病、抗逆性强、好养易养，特别是肉用价值，争氨酸的高含量是其它肉类无法比拟的。

近年来，养驴业在我地区已形成产业，轿顶驴就是集各品种驴的优点而著称。养驴成为农民致富的好门路，前景广阔，是我市产业结构调整的重要组成部分，对经济发展有一定的推动作用。因此，营口市委组织部举办"活力村部巡回讲坛"也将《肉驴养殖实用技术》列为科技下乡支撑和扶持农民发展养驴的重要内容之一，解决了农民在驴的养、繁、防、治、管及产品开发等问题。望我市畜牧兽医工作人员及专家继续努力，把养殖技术推上新层次，做出更大贡献。

前　　言

驴为六畜之一，是单胃草食动物，食量小、排放量低，抗病力、抗逆性强、好养易养，广大农牧民素有养驴的习惯和爱好。我国养驴的历史悠久，驴的品种和数量都居世界首位，劳动人民在长期的生产实践中培育出许多优良品种。

随着农业机械化的发展、普及，驴的运输、农耕动力作用已逐渐被替代，但它的经济价值越来越受到重视，已成为特种养殖家畜之一。驴全身都是宝，肉为美味佳肴、保健品，皮可制革、药用，骨、毛可入药，从古到今驴的产品不断载入文献典籍。由于驴肉瘦、脂肪含量少、胆固醇含量低及具有其他家畜无法比拟的高色氨酸含量等优点被越来越多的人发现，驴肉产品极受欢迎。

目前，驴的养殖在部分地区已形成产业，成为农牧民致富的好门路，发展前景非常广阔。但是驴的规模化养殖还存在很多亟待解决的问题，如少数地区还在延用传统粗放的养殖方式，没有选育出肉用性能突出的驴种，国内至今还没有见到驴的专用饲养标准等。

2009 年以来，编者作为营口市委组织部举办的”活力村部巡回讲坛”特邀讲师，多次到农村与农民群众相互学习、共同切磋驴的饲养技术，并根据养驴户的需要开始编写《肉驴养殖实用技术》。

本书重点阐述了驴的养、繁、防、治、管以及产品开发等内容，力求详而有要，广而不繁，深入浅出，通俗易懂，突出实用性，可供广大农牧民及业内同仁参考。但因编写时间仓促，学识所限，误谬难免，渴待专家及读者不吝赐教。

本书引用的文献较多，恕未一一列出。在编写过程中，承蒙孙悦先生、王述宁博士、席可奇教授（研究员）审阅斧正，并获得营口市委组织部的大力支持，谨此一并致谢。

编 著 者

目　录

第一章 我国养驴业概述

一、我国养驴业的资源和条件

(一)养驴的历史悠久,品种优良,数量大,分布地域广

我国养驴的历史已有 4 000 年之久,在新石器时代前已成为“六畜之一”。在劳动人民精心选育下,已形成品种多、性状优良而独特的驴种,是国外驴无可比拟的。全国养驴数量已达千万头,占世界总数的 23%,居世界首位。驴的分布区域,从西部高原荒漠到东部滨海平原,从东北平原到西南山地和青藏高原都有驴的分布。驴多集中在北纬 32℃～45℃。属中温带和南温带气候的西北、华北、西南、东北,尤以黄河中下游分布最多。长江以南数量不多,驴不适应湿热气候。北部黑龙江以北,驴的分布也少,因驴畏寒,驴不适应;青藏高原在海拔 4 500 米以上则无驴生存。

(二)我国养驴业的资源丰富,条件优越

我国养驴的质量和数量随历史的进步在不断提高和发展。主要是与生态环境和人工选育等综合因素的影响有关:一是生产需要决定驴的选育方向,如在山地丘陵地区,道路崎岖,需适应在这种自然条件下完成骑、乘、驮、拉等任务,需要体小灵活、善越山爬岭的小型驴。二是饲养条件是驴的优良品种形成的基础。水草丰盛的农业发达地区是养大型驴的物质基础。三是农牧民积累了丰富的选育经验。四是新中国成立后,特别是改革开放以来,党和政府的重视和支持,各地建立起驴的三级良种繁育体系。五是饲草、

饲料资源丰富，驴以草为主食，高原山区、平原丘陵、荒山草坡，特别是农区有用不尽的秸秆资源，再加上驴吃苦耐劳，饲养条件要求不高，采食量小，经济条件要求不高，特别是投资费用低，穷富都可养驴。所以政府大力提倡科学养驴，这是农牧民致富奔小康的一条新路。

（三）发展肉用驴投资少，产品用途大，销路广

驴食量小，以草为主，饲养管理要求不高，省劳力，投资低养殖风险小。驴耐粗饲、抗病力强、适应性强。从前主要用于使役（动力）拉车、耕地、骑乘、驮、拉碾子、拉磨等或作为交通运输工具。现在这些功能被农业机械化所代替，驴的用途已转向肉用。

驴肉细嫩、味美，胆固醇低，色氨酸含量高，氨基酸含量平衡，是其他肉类无法比拟的，是一种很好的营养佳品，也是人们改善膳食结构，特别是肉食结构的主要内容，驴肉制品备受群众青睐，是当今餐桌上的美味佳肴。所以，人们褒称"天上龙肉、地上驴肉"。

肉驴的产品不仅是肉用，其骨、毛、皮、蹄和油均为入药的重要原材料，如驴皮制成的"阿胶"是举世闻名的中成药（详见第八章）。

二、我国驴的主要品种

驴在我国饲养史上，由于各地的自然、经济以及劳动人民的需要不同，在选育过程中体型大小也不同，就形成3种类型（大型驴、中型驴和小型驴）。习惯上按体高划分为体高130厘米以上，体重在260千克以上的为大型驴；体高110～130厘米，体重在180千克左右的为中型驴；体高在110厘米以下，体重在130千克以下的为小型驴。在品种名称上也习惯以地名命名，如关中驴等。

(一)大型驴种

1. 关中驴　关中驴产于陕西省的黄土高原以南，秦岭以北，渭河流域的“八百里秦川”的关中平原。以乾县、礼泉、武功、蒲城、咸阳、兴平等县、市产的驴品质最佳，曾被输出到朝鲜、越南等国。扶风关中驴场承担着保种任务。关中驴属大型驴种，形成历史悠久，当地养驴历史已有2 000多年，群众积累了丰富的饲养经验，特别是对驴驹的培育，以及品种选育方面，已取得丰硕的成果，尤其对公驴要求毛色纯正、黑白界限分明，体型高大、结构匀称，两睾丸大而对称、富有悍威，四蹄端正、蹄大而圆，叫声洪亮，经长期选育可提高品种质量。

关中驴生活在关中平原，气候温和，年平均温度12℃～14℃，年日照1 980～2 400小时，年降水量为540～750毫米，无霜期190～210天，土壤肥沃，水利灌溉条件良好，为我国著名的主要粮食产区之一。当地水草茂盛，农产品丰盛，农民们还习惯种植苜蓿、黑豆、豌豆养畜。关中平原海拔330～780米，自古以来就有“膏壤沃野千里”之称。此地以养大驴(关中驴)、大牛(秦川牛)而著称，享誉全国。全国各地马匹杂交、驴的改良都以关中驴为首选父本。

(1)体貌特征　关中驴体格高大，骨骼粗壮坚实，结构匀称，体形呈长方形。头大耳长，头颈高扬，眼大有神，体姿健美，颈部较宽厚，肌肉充实，鬣毛稀短。前躯发达，鬐甲宽厚，胸廓深广，凹背，中躯呈圆桶状，后躯比前躯高，尻斜偏短，四肢正直、强健，关节干燥，肌腱明显，蹄质坚实，行动敏捷而善走，耕挽力强。凹背、尻斜短为其缺点。

毛色以粉黑色为主(占90%以上)，被毛短细，富有光泽，其次为栗色、青色和灰色。以栗色和粉黑色且黑(栗)白界限分明者为上选，即“粉鼻、亮眼、白肚皮”。由于长期的人工选育结果，产区驴的毛色比较一致，平均体尺见表1-1。

表1-1 关中驴的平均体尺 （单位：头、厘米、千克）

性别	头数	体高	体长	胸围	管围	体重
公(♂)	150	134.2	136.4	144.1	17.0	285.0
母(♀)	300	132.1	131.3	142.2	16.5	256.1

(2)生产性能 关中驴幼驴生长发育快，一岁半时体高即可达到成年驴的93.4%，并表现性成熟。3岁时公、母驴均可配种，各项体尺指标均达成年驴98%以上。公驴4～12岁配种能力最强，母驴3～10岁时繁殖力最强。驴的寿命平均为20年，母驴终生可产5～8头驴驹。母驴发情周期平均为20.3天(17～26天)，发情持续期平均为6.1天(3～15天)，产后发情排卵期为7～21天，母驴妊娠期为350～365天，怀骡妊娠期为365～375天。公驴配母驴的受胎率80%左右，公驴配母马一般在70%左右，性欲旺盛的母驴繁殖力高。关中驴遗传性强，对改良小型驴种，以及与母马交配也能生产出大型的骡子，有良好的杂交效果。所以，用大型关中驴改良小型驴或与马匹杂交是一种良好的父本选择。由于关中驴适宜于干燥温和的气候，抗寒性比较差，高寒地区和我国最北方引种应慎重。据西北农业大学(1986)对退役的关中驴屠宰率测定平均为39.32%～40.38%。所以，作为肉用，肥育效果比较理想。

2. 德州驴 德州驴主产于鲁北、冀东平原沿渤海的各县。以山东的无棣、庆云、沾化、阳信及河北的盐山、南皮为中心产区。素以德州为集散地，故有德州驴之称(1957年命名)。德州驴产区为黄河冲积平原，无论山东还是河北产地，自然、社会、经济条件相差甚微。气候温和，地势平坦，海拔80米左右，年平均无霜期200天左右，年平均降水量650毫米，农业发达，盛产小麦、杂粮、棉及其他经济作物。当地也有种植苜蓿的习惯，水草丰盛，靠近海处有大面积自然草地便于放牧。经过长期的选育和精心饲养管理，形成了大型驴即德州驴种。

(1)体貌特征　德州驴体形方正,外形美观,壮实高大,结构匀称。头颈、躯干结合良好,体质结实,皮薄毛细。公驴前躯宽大,头颈高昂。眼大,鼻齐,耳立。鬐甲偏低,背腰平直,尻稍斜,肋拱圆。四肢坚实,关节明显。德州驴体尺见表1-2。

表1-2　德州驴的平均体尺　(单位:头、厘米、千克)

性　别	头　数	体　高	体　长	胸　围	管　围	体　重
公(♂)	120	135.4	136.0	149.3	16.6	261.0
母(♀)	400	130.1	130.8	143.4	16.2	246.0

德州驴依毛色可分为三粉的黑色(即三白:鼻周围白、白眼圈、肚下白)和乌头(全身毛为黑色),两种各表现不同的体质和遗传特性。前者体质结实干燥,头清秀,四肢较细,肌腱明显,体重较轻,动作灵敏。后者全身各部位均显粗毛、头较重、颈粗厚、鬐甲宽厚、四肢粗壮、关节较大、体型偏重,为我国现有驴种中的重型驴。体高一般在130厘米以上,最高可达155厘米,个别体重达400千克。

(2)生产性能　德州驴的两种类型在遗传本质上无显著差异。役用性能好,持久力强,挽、乘、驮、耕皆宜。驴驹生长发育快,公、母驴驹1岁时体高和体长分别达到成年的90%和85%;2岁时可分别达到成年的100%和95.7%。12～15个月龄性成熟,2.5岁开始配种。母驴一般发情很有规律,终生可产10头驴驹左右,有的母驴在25岁仍可产驹。公驴性欲旺盛,一般情况下射精为70毫升,有时可达180毫升,精液品质好。精子密度为每毫升1.5亿个。精子活力强,常温下可存活72小时,在母驴体内持续存活时间为135小时。德州驴屠宰率为53%,出肉率高。德州驴抗病力强,耐粗饲,舍饲与放牧都可以。德州驴与蒙古马、伊犁马等母本交配,所生骡子的成年体高一般在150厘米以上,有的可达170厘米,用德州驴改良小型驴,效果颇佳。今后应选择优良种驴组群选育,一方面可为社会提供优质种驴,另一方面可培育生长快、肉用性好的肉驴新品种。

3. 广灵驴 广灵驴产于山西省东北部广灵、灵丘、桑干河、壶流河两岸,产区地境内山峦起伏,小部分为河谷盆地,海拔 700～2 300米,地处山区,风大沙多,气候变化差异大,年平均温度为6.2℃～7.9℃,年降水量 400～500 毫米,无霜期 130～150 天,农业主产杂粮,该地区历来重视畜牧业发展,农民以养驴、农耕为主业。由于驴的选种选配搞得好,所以这一地区是广灵驴的繁殖基地。当地盛产谷子、豆类,又习惯种植苜蓿草,农民以谷草、黑豆、苜蓿、秸秆等喂养驴来结合放牧,是广灵驴体格高大、粗壮结实的主要因素。

(1)体貌特征 广灵驴属大型驴种。属于半干旱丘陵生态类型,体型高大、骨骼粗壮、体质结实、结构匀称、体躯较短为其特征。耐寒性较强、驴头较大、鼻梁直、眼大、耳立、颈粗壮。背部宽广平直、前胸宽广、尻宽而短、尾巴粗长、四肢粗壮、肌腱明显、关节发育良好。管骨较长,蹄较小而圆,质地坚硬,被毛粗密、色黑,但眼圈、嘴头、前胸和两耳内侧为粉白色,当地群众叫“五白一黑”,又叫“黑化眉”,还有黑白毛混生,并有五白特征的,老百姓叫“青化黑”,这两种毛色的广灵驴均属上等。广灵驴的体尺见表 1-3。

表 1-3 广灵驴的平均体尺 (单位:头、厘米、千克)

性别	头数	体高	体长	胸围	管围	体重
公(♂)	60	136.4	137.8	149.2	17.8	259.5
母(♀)	110	133.1	132.6	145.9	16.7	238.7

(2)生产性能 广灵驴役用性强,持久耐劳,挽、乘、驮、耕都可以。繁殖性能与其他驴种相近,大多在每年 2～9 月份发情,3～5月份为发情旺盛季节,终生可产 10 胎左右。经屠宰测定,平均屠宰率为 45.15%,净肉率为 30.6%。广灵驴有良好的种用价值,推

广全国，在黑龙江省仍可适应。该品种可以逐步向肉用品种培育选育。改良其他小型驴时可选作父本种驴。

4. 晋南驴 晋南驴产于山西省运城地区和临汾地区南部，以夏县、闻喜为中心区。绛县、运城、永济、万荣、临猗都有分布。产区地处黄土高原、濒临黄河，有平原、丘陵和山地，地形复杂，但土壤肥沃、气候温和，为山西著名粮棉产区，水草丰盛，农产品丰富。当地素有种植苜蓿草、豆类和花生的习惯，草料条件优越，农民喜爱养驴，重视驴的选种、选配和幼驴培育，使晋南驴的品质、体质结构不断改善，逐渐育成大型优质的驴种。产区地势东北高、西南低，海拔 400～1 500 米，年平均温度 12℃～14℃，年平均降水量 500 毫米，无霜期180～210 天。

(1)体貌特征 该品种为大型驴种，属平原生态类型，体质结实紧凑，体形为正方形，体格高大，头小适中，颈部宽厚，头颈高昂，鬐甲稍低，前胸发育良好，胸廓深而宽广，尻部略高、短而斜，四肢端正，蹄小而坚实。外貌清秀细致，是有别于其他驴种的主要特点。头清秀中等大，尾细长似牛尾，垂于膝关节以下。毛色以黑色带三白（粉鼻，粉眼，白肚皮）为主，占 90%，少数为灰色、栗色。其平均体尺见表 1-4。

表 1-4 晋南驴的平均体尺 （单位：头、厘米、千克）

性 别	头 数	体 高	体 长	胸 围	管 围	体 重
公(♂)	150	135.3	133.7	144.5	16.2	259.4
母(♀)	250	132.7	131.5	143.7	15.9	256.3

(2)生产性能 晋南驴挽、乘、驮、耕均适用。持久力强，力量大。幼驴生长发育快，1 岁时体高为成年体高的 90%左右，出生后 8～12 个月性成熟。母驴适宜初配时间为 2.5～3 岁，3～10 岁生育力最强。种公驴 3 岁开始配种，4～8 岁为配种最佳年龄。晋南驴的肉用性能良好，平均屠宰重 249.5 千克，平均屠宰率为

51.5%，净肉率为40.25%(5头驴平均数)，可见晋南驴可作为肉用驴培育的基础品种。

(二)中型驴种

1. 佳米驴 佳米驴产于陕西省佳县、米脂、绥德三县，而以佳县乌镇、米脂桃花镇所产的驴为最佳。属中型驴品种。产区位于黄土高原沟壑地区，土地零散，道路崎岖狭窄。海拔715～1 350米，年平均温度8.8℃，温差大，年平均日照达2 617～2 741小时。春季风大，夏季干旱，冬季寒冷，年平均降水量430～450毫米，无霜期仅150～180天，属典型大陆性气候。此地区适宜种植杂粮，兼种苜蓿，轮作倒茬以改良土壤和提供饲草。自古以来农民习惯养驴用作耕、拉、驮、乘等各种使役。常年舍饲，以豆、麦、高粱、玉米以及谷草、麦秸为主，夏季喂青苜蓿。当地的种驴户，精选良种，承担母驴的配种任务，经长期的选育而形成了中型驴种。

(1)体貌特征 佳米驴的毛色为粉黑色，常分为以下两种。一种为黑燕皮驴(占90%以上)。这种驴全身被毛似燕子，鼻、眼、腹下白，范围不大。体格中等，体形略为长方形，体质结实，结构匀称，头略长，耳竖立，颈中等宽厚。躯干粗壮，背腰平直，结合良好，四肢端正，关节粗大，肌腱明显，尻短斜。另一种为黑四眉驴。这种驴白腹，面积向周边扩延较大，甚至超过前后四肢内侧、前胸、颌下和耳根。骨骼粗壮结实，体格略小，属于干旱丘陵生态型的中型驴。佳米驴体尺情况见表1-5。

表1-5 佳米驴的平均体尺 (单位:头、厘米、千克)

性别	头数	体高	体长	胸围	管围	体重
公(♂)	40	128.8	127.5	136.6	16.1	218.9
母(♀)	200	121.9	123.7	134.6	14.8	210.8

(2)生产性能 佳米驴适用于山区驮、挽、乘、耕各种农活，性

情温驯，行动敏捷。对老驴低水平饲养，经屠宰测定屠宰率为49.2%，净肉率35%，说明其肥育潜力很好。

这种驴一般在2岁性成熟，3岁可配种，每年5～7月份为配种旺季，发情周期平均22.69天，发情持续期3～6天，休情期13～30天，妊娠期360天，公驴每次射精量平均28.7毫升，密度为2～3亿个/毫升，活力0.8～0.9。母驴多3年2胎，终生可产驴驹10头左右。4岁驴可达成年。出生公驹体高达成年的64.1%，1岁体高达成年的89.9%，表明1岁以内的生长发育迅速。3岁时体高可达成年驴的97.7%，说明佳米驴早熟性好，可用作肥育。佳米驴适应性强，抗病力强，耐粗饲，适应高寒条件。

2. 泌阳驴　泌阳驴属中型驴种。产于河南省西南部，南阳以东一带地区的泌阳、唐河、社旗、方城、舞阳等县为中心产区，境内丘陵起伏，河流交错(洪河、沣河、泌阳河、唐河、白河等)，年平均温度14.2℃，海拔81～983米，四季分明，无霜期212天，年平均降水量为920.5毫米。农业发达，盛产小麦和各种杂粮。农民习惯用豌豆、谷草作为养驴的主要饲料，利用较多的草山、草坡、河滩进行放牧。当地农民素有养驴的习惯，精心饲养，不断选种、选配，使驴的质量不断提高，推动了养驴业的发展。

(1)体貌特征　泌阳驴体形为方形或高方形，体质结实，结构匀称紧凑，外形美观。头方正，清秀干燥，肌肉丰满，耳内多有一簇白毛。颈长适中，头颈结合良好。背长平直，多呈双脊背，腰短而坚，尻高宽而斜。四肢端正，肌腱明显。蹄小而圆，质坚。被毛细密，毛色主要为黑粉色。泌阳驴的体尺见表1-6。

表1-6　泌阳驴的平均体尺　(单位:头、厘米、千克)

性　别	头　数	体　高	体　长	胸　围	管　围	体　重
公(♂)	35	119.5	113.0	132.7	15.0	189.6
母(♀)	100	110.2	110.8	129.6	14.3	186.5

(2)生产性能　泌阳驴1～1.5岁表现性成熟,2.5～3岁开始配种。母驴性成熟期为9～12月龄,受胎率为70%以上,一般3年生2胎。发情季节多集中在3～6月份,繁殖年限为15～18岁。终生可产驴驹14～15头。肉用性能较好,平均屠宰率为48.3%,净肉率34.9%。

3. 淮阳驴　淮阳驴属中型驴种。主要产区为豫东平原南部的淮阳、郸城西部、沈丘西北部、项城、商水北部、西华东部、太康南部和周口市,以淮阳为中心产区,海拔50米左右,属暖温带季风季候,年平均温度为14.6℃,无霜期216天,土质肥沃,盛产小麦和杂粮,是历代的"粮仓",当地以驴为主要役畜。农副产品丰富,群众对驴的选育非常重视,饲养管理非常精心细致。当地群众习惯种植苜蓿,常以各种豆类、谷物作为精料,因此保证了驴的营养需要。产区内周口市为牲畜集散地,输出大量驴种,促进了驴的生产和选种、育种工作的发展,使驴的质量有明显的提高,通过品种鉴定为地方优良驴种。

(1)体貌特征　该驴分为粉黑、银褐两种主色。粉黑驴外貌特点是体格高大,体幅较宽,略呈长方形,头重,前躯发达,鬐甲高,利于挽拽。中躯呈桶状,腰背平直,四肢粗实,后躯高于前躯,尻宽而略斜,尾帚大。银褐色驴体格大,单脊单背,四肢较长。淮阳驴平均体尺见表1-7。

表1-7　淮阳驴的平均体尺　(单位:头、厘米、千克)

性　别	头　数	体　高	体　长	胸　围	管　围	体　重
公(♂)	100	124.4	126.1	135.4	15.5	230.0
母(♀)	200	123.1	125.2	133.6	14.8	225.0

(2)生产性能　淮阳驴挽、驮、拉、乘均可,公驴最大挽力为280千克,母驴为174千克。母驴1.5岁开始发情,2.5岁开始配种,母驴一生可繁殖到15～18岁。公驴3岁以后开始种用,至18～20岁

性欲仍很旺盛。屠宰率可达50%左右,净肉率为32.3%。

4. 庆阳驴　庆阳驴属中型驴种,产于甘肃省东南部的庆阳、宁县、正宁、镇原、含水等县。平凉地区也有分布,以庆阳、董志塬地区分布最集中,驴的品种质量最好。产区位于甘肃黄土高原,在圣河上游紧接陕西关中。海拔1 000～1 700米。年平均温度10.5℃,无霜期120～180天,年降水量300～500毫米。这里土地肥沃,气候温和,农业发达,素有"陇东粮仓"之称。除产小麦、杂粮外,还种植苜蓿等牧草,农副产品丰富,饲料、饲草条件良好。由于交通不方便,农民经济收入低,故多养牛、驴使役,因农业生产需要,多年来从关中引入大型驴改良当地驴,使庆阳驴成为中型驴种。

(1)体貌特征　庆阳驴体形呈正方形,体格粗壮结实,结构匀称。头中等大小,耳不过长,颈肌厚,胸肌发育良好,腹部充实,尻稍斜,肌肉发育良好,四肢端正,关节明显,蹄大小适中。庆阳驴毛色以粉黑色为主,还有少量灰色和青色。平均体尺见表1-8。

表1-8　庆阳驴的平均体尺　(单位:头、厘米、千克)

性别	头数	体高	体长	胸围	管围	体重
公(♂)	150	126.5	129.0	134.2	15.6	182
母(♀)	250	122.5	121.0	131.0	14.8	174.7

(2)生产性能　庆阳驴1岁时表现性成熟,公驴1.5岁配种,可使母驴受胎,有的母驴2岁就可以产驹。幼驴出生时,公驴驹重约27.5千克,母驴驹重约26.7千克,公驴以2.5～3岁、母驴以2岁开始配种为宜,饲养管理好的可利用到20岁,终生可产10胎。庆阳驴能吃苦耐劳,性情温驯,挽、驮、耕均可,生产力大。屠宰率50%左右,净肉率35.7%。

还有渤海驴,产于河北沧州地区,以交河、河间、南皮等地为最多,体貌特征为粉鼻、亮眼、白肚皮、黑毛多,体质结实,外形紧凑,体长稍短，头颈高昂，背稍凹，尻短斜，前胸窄，四肢粗壮、干燥，后肢多呈外弧姿势。公驴体高约 131.4 厘米，母驴体高约 128.8 厘米。耐粗饲，适应性强，繁殖力较高。属中型驴种，接近大型。

辽宁驴发展历史也比较悠久，新中国成立后，小农经济养牛、驴，主要是适应农业生产需要，农村推碾子、拉磨、拉车、耕地等都由驴来完成。主要分布在辽东半岛的营口、大石桥、盖州、海城及朝阳、阜新等地，现在已逐渐改为肉用。后来，当地政府号召马匹改良的同时，也进一步改良了驴的品种，佳米驴、关中驴大批引入本地，对本地驴的品质提高起到决定性作用。改良后辽宁驴的体貌特征基本接近关中驴、佳米驴的特点，公驴体高 122.5 厘米左右，母驴体高 121.5 厘米左右，繁殖力、毛色均与引入的驴种相差很小。

(三)小型驴种

1. 新疆驴 产于新疆南部喀什、和田地区，以及库车地区，新疆北部也有新疆驴。一直分布到甘肃河西走廊的毛驴也叫河西驴，或凉州驴。宁夏的西吉、海原、固原的驴又称西吉驴，也是新疆驴的一个类群。

新疆属大陆性气候，受高山和沙漠的影响，气候温暖而干旱，风沙多，昼夜温差大，无霜期短，降水少。境内既有大面积的草原牧区，也有发达的绿洲农业。受气候和水源等条件的限制，农业产量一般不高，社会经济发展较落后，西北地区包括甘肃、宁夏、青海等地农民全靠养驴进行农耕、驮运和乘骑，驴和人们生活、生产关系极为密切。自西汉以来，就不断有驴从河西走廊输入内地，直接促进了陕、甘、宁、青等地的小型驴的发展。

(1)体貌特征 属小型驴种，体格矮小，体质干燥结实，头偏大而直立，额宽、鼻短。耳壳内生有短毛。颈薄鬐甲低平，背平腰短，尻短斜，胸宽深不足，肋扁平。四肢较短，关节干燥结实。蹄小质坚。毛色多为灰色和黑色。库车驴为新疆驴中体型稍大的一个类群。体尺见表1-9。

表1-9　新疆驴的平均体尺　（单位：头、厘米）

调查地区	性　别	头　数	体　高	体　长	胸　围	管　围
喀什、和田	公(♂)	72	102.2	105.5	109.7	13.3
	母(♀)	317	99.8	102.5	108.3	12.8
库　车	公(♂)	67	107.2	108.7	115.2	14.7
	母(♀)	64	107.9	109.6	117.9	14.5
河西走廊	公(♂)	15	101.8	109.5	112.8	13.9
	母(♀)	100	101.4	106.9	114.4	13.1
青　海	公(♂)	17	104.9	105.8	113.7	13.7
	母(♀)	225	101.6	102.5	112.0	12.2

注：引自《驴的养殖与肉用》，侯文通、侯宝申编著。

(2)生产性能　1岁时有性行为，公驴2～3岁、母驴2岁开始配种，在粗放的饲养和重役下，很少发生营养不良和流产。幼驹成活率90%以上。能吃苦耐劳，抗逆性、抗病力强，在较恶劣的环境条件下也能生存，补偿生长性强。一旦条件变好，营养得到改善，也可取得良好的生长发育。与良种公驴杂交有很好的优势。如用关中驴改良新疆驴母驴，后代体高可达125～130厘米。新疆驴性情温驯，乘、挽、驮、耕皆宜。在高原山地驮挽耐久，日行30千米是很平常的事。屠宰率为36.38%～48.2%，净肉率为31.23%。

2. 西南驴　西南驴分布在云南省、四川省和西藏自治区，主要集中在川北、川西的阿坝、甘孜、凉山和滇西，以及西藏的日喀则、山南等地。这些地区多为高原山地和丘陵区，海拔高、河流多、气候差别大、干湿季节明显。产区农业发达，主要作物是水稻、小麦、蚕豆、红薯和油菜。作物的秸秆和野草是当地养驴的主要饲草。由于多山的环境，土壤贫瘠，植被稀疏，所以驴的生活条件较粗放,白天靠放牧、夜间补饲一些秸秆维持生活,只有妊娠母驴才补少量的精饲料。因此,形成了矮小的驴种,也更适应山地行走。

(1)体貌特征　西南驴是我国最矮小的驴种,头较粗重,额宽目隆,耳大而长,鬐甲低,胸窄浅,背腰短直,尻短斜,腹稍大,前肢端正,后肢多向外,蹄小而坚实,毛被厚密,毛色以灰色为主,并有鹰膀、背线、虎斑三个特征。其他还有红褐色、粉黑色。平均体尺见表 1-10。

表 1-10　西南驴的平均体尺　(单位:头、厘米)

调查地区	性别	头数	体高	体长	胸围	管围
云南各地	公(♂)	36	93.6	92.2	104.3	12.2
	母(♀)	76	92.5	93.7	107.8	12.0
甘孜、阿坝、凉山	公(♂)	542	90.8	94.4	99.6	11.8
	母(♀)	538	92.7	96.6	103.5	11.8
日喀则、山南	公(♂)	30	93.6	96.2	105.8	12.4
	母(♀)	30	93.3	96.0	107.1	12.3

注:引自《驴的养殖与肉用》,侯文通、侯宝申编著。

(2)生产性能　西南驴性成熟早,2～2.5 岁即能配种,一般 3 年生 2 胎。西南驴多用于驮(乘、挽较少),善行山路。在 1.5 岁时调教使役,成年驮重 50～70 千克,日行 30 千米,单驴拉车载重 300～500 千克,日行 30 千米。屠宰率 40%～50%,每头净肉量 35 千克左右,净肉率 30%～34%。

3. 华北驴　华北驴是指产于黄土高原以东,长城内外至黄淮平原的小型驴,并分布到东北三省。境内有高原、平原、山地和丘陵,产区为我国北方农业区,从前驴是仅次于牛的第二大家畜。除黄河中下游的富庶农业区多产大中型驴外,大部分山区、高原农区、半农半牧区和较落后的农区,因作物单产低、饲养条件差,而多养小型驴。新中国成立后,特别是改革开放以来,该地区自然、经济条件有很大改善,大批繁殖改良驴种,繁殖商品驴或驴骡,繁荣了大牲畜市场,各地都繁育出本地的小型驴种。例如,陕北的滚沙驴、内蒙古库仑驴、河北太行驴、山东小毛驴、淮北灰驴等,统称为华北驴。

(1)体貌特征　华北驴的产区自然条件、社会经济条件各不相同,而各地驴的外貌也各有其特点,但总体描述为:体型比新疆驴、西南驴都大,呈高方形,体质干燥结实,结构良好,体躯较短小,头大耳长,胸稍窄,背腰平,腹稍大。四肢粗壮有力,蹄小而圆。毛色以青色、灰色、黑色居多。华北驴体高在 110 厘米以下,平原地区略大,山区较小,体重为 130～170 千克。体尺见表 1-11。

表 1-11　华北驴的平均体尺　(单位:头、厘米)

调查地区	性　别	头　数	体　高	体　长	胸　围	管　围
黑龙江	公(♂)	87	103.1	106.5	112.8	13.4
	母(♀)	124	101.4	105.2	112.6	12.4
吉林通榆、洮安	公(♂)	30	103.7	108.5	117.1	13.5
	母(♀)	110	100.8	107.0	114.7	12.8
陕西榆林	公(♂)	60	107.7	109.2	117.9	13.6
	母(♀)	692	107.0	109.7	117.2	13.4
河北涉县	公(♂)	40	102.4	101.7	115.9	13.9
	母(♀)	103	102.5	101.1	113.7	13.7
山东临沂、沂水、莒县	公(♂)	93	108.0	107.0	115.8	12.7
	母(♀)	203	109.8	108.0	118.0	12.3
安徽阜阳	公(♂)	107	108.5	111.4	117.3	12.9
	母(♀)	179	106.6	109.7	117.4	12.4

注:引自《驴的养殖与肉用》,侯文通、侯宝申编著。

(2)生产性能　华北驴在山区、丘陵多用于驮运,平原多用于拉车,最大挽力公驴为 133 千克、母驴为 123 千克,单驴胶轮车、砂石路载重 500～700 千克，日行 40～45 千米，山区驮运 75 千克，日行 35～45 千米。平均体重 115.6 千克，六成膘，屠宰率平均为 41.7％，净肉率为 33.3％。繁殖性能与大中型驴相近，生长发育比新疆驴快。与大型驴杂交，1 周岁体高可达 110 厘米，所产驴骡成年体高达 135 厘米，对寒、暑的适应力较强。

第二章　养驴的环境条件

一、养驴场外部环境条件的要求

（一）远离居民区、工业区和矿区

养殖场场址选择，必须遵循社会公共卫生准则，使养殖场不致成为周围社会的污染源。同时，也要注意不受周围环境的污染。因此，养殖场的位置应选在居民点的下风处，地势低于居民点，但要离开居民点污水排出口，不要选在化工厂、造纸厂、冶炼厂、水泥厂、屠宰场、制革厂等容易造成环境污染企业的下风处或附近。养殖场与居民点之间的距离应保持在 1～5 千米，最少距离不宜少于 1 千米。各类养殖场相互间距离应在 2 千米以上。

（二）交通便利，有利于防疫

养驴场要求交通方便，饲料运入、养畜运出便利，同时便于驴场对外宣传及工作人员外出。为了防疫卫生及减少噪声，驴场离主要公路的距离至少要 1 千米以上。同时，要有专用公路与主要公路相连接。

（三）保证电力供应

选择场址时，应重视供电条件，必须有可靠的电力供应，最好选择靠近输电线路，尽量缩短新线铺设距离，要求电力安装方便及电力保证 24 小时供应。必要时，自备发电机来保证电力供应。

(四)通讯条件良好

驴场要求通讯方便,可安装电话、传真机及连接网络。

(五)气候条件适宜

气候条件一定要对饲养的驴种相适应,避免与适应的条件相差太远。同时,引入的品种也应与当地条件相适应。否则,不仅影响驴的生产性能,还可能影响驴的生命。

(六)农业结构合理

为了使养驴业能与种植业紧密结合,在选择场址外部条件时,一定要选择种植面较广的地区来发展养殖。同时,也需要一定的草地,可以适当放牧饲养。这样,一方面可以充分利用种植业的产品作为驴的饲料,与草地资源形成互补;另一方面可以使畜牧业生产的大量粪尿作为种植业、林果业的有机肥料,实施种养结合、果牧结合,促进农、林、牧业可持续发展。

二、养驴对水环境及空气质量的要求

水是人、畜生活、生产不可或缺的重要物质。因此,保证人、畜用水的供应和饮水卫生,对人、畜的健康和生产具有重要意义。

(一)水源的种类

归纳起来可分为地面水、地下水、降水、自来水,它们之间相互转换、相互补充而形成自然界的水循环。

1. 地面水 地面水包括江、河、湖和水库的水。这些水主要是降水沿地面坡度径流而成。地面水受污染机会较多,特别是容易受生活污水及工业废水的污染,常引起传染病的传播及中毒性疾病的发生。但地面水来源广泛，水量充足，本身有自净能力，仍是较广泛使用的水源。用作饮用水时，必须进行净化和消毒处理。地面水一般不可直接饮用。

2. 地下水　地下水是降水和地面水经过地层的渗滤贮积而成。由于地层的滤过，水中的悬浮物质、有机物及细菌等大部分被滤除，故水质较透明、清洁，含菌量少，污染较小，水量充足而稳定，是最好的水源。但含有一些矿物质成分，硬度较大，有时也会含有某些矿物性毒素，易引起地方性疾病，在使用时要注意。

3. 降水　降水指由海洋和陆地蒸发形成的雨、雪等，本应是质软、清洁的，但在降水时吸收了空气中的杂质及可溶性气体，如靠近海岸的降水混入海水飞沫、内陆的降水混入大气中灰尘、细菌，城市工业区的降水混入酸类等，因此受到污染。由于收集与贮存困难、水量受季节影响大，除缺水严重地区外，一般不作饮用水水源。

4. 自来水　一般都用自来水为饮用水，其水质、水量可靠，使用方便，是养驴场的理想用水，但相对成本较高。

（二）驴场水质的卫生要求

1. 驴场饮用水的卫生要求有下面三项原则

（1）保证流行病学安全　饮水中不含病原体和寄生虫卵，不会引起传染病的介水流行或传播寄生虫病。

（2）水中所含化学物质对人、畜无害　即水中含有毒物质的浓度和微量元素的含量不会引起急、慢性中毒，以及潜在的远期生物学效应（不产生致突变、致癌和致畸作用）。

（3）水的感官性状良好　即不使水质产生一般可察觉的异色、异味和异臭等。

2. 生活饮用水卫生标准　生活饮用水卫生标准见表2-1。

表 2-1 畜禽及饲养管理人员饮用水卫生标准

编 号	项 目	卫生标准
(一)感官性状指标		
1	色	色度不超过 15°,并不得呈其他异色
2	浑浊度	不超过 5°
3	臭和味	不得有异臭、异味
4	肉眼可见物	不得含有
(二)化学指标		
5	pH 值	6.5～8.5
6	总硬度(CaO 计)(毫克/升)	≤250
7	铁(毫克/升)	≤0.3
8	锰(毫克/升)	≤0.1
9	铜(毫克/升)	≤1.0
10	锌(毫克/升)	≤1.0
11	挥发酚类(毫克/升)	≤0.002
12	阴离子合成洗涤剂(毫克/升)	≤0.3
(三)毒理学指标		
13	氟化物(以 F 计)(毫克/升)	≤1.0
14	氯化物(以 Cl 计)(毫克/升)	≤250
15	氰化物(毫克/升)	≤0.05
16	砷(毫克/升)	≤0.05
17	硒(毫克/升)	≤0.05
18	汞(毫克/升)	≤0.001
19	镉(毫克/升)	≤0.01
20	铬(六价)(毫克/升)	≤0.05
21	铅(毫克/升)	≤0.05
(四)细菌学指标		
22	细菌总数	1 毫升水中不超过 100 个
23	大肠菌数(个/升)	≤3 个
24	游离性余氯	在接触 30 分钟后应不低于 0.3 毫克/升。集中式给水出厂除应符合上述要求外,还须管网末梢水不低于 0.05 毫克/升

3. 地面水水质卫生要求　地面水水质卫生要求见表 2-2。

表 2-2　地面水水质卫生要求

指　标	卫生要求
悬浮物质	含有大量悬浮物质的工业废水，不得直接排入地面水，以防止无机物淤积河床
色、味、臭	不得呈工业废水和生活污水所特有的颜色，异臭或异味
漂浮物质	地面水上不得出现较明显的油膜和浮沫
pH 值	6.5～8.5
生化需氧量	不超过 3～4 毫克/升(5 日，20℃测定量)
溶解氧	不低 4 毫克/升
有害物质	不超过各有关规定的最高允许浓度
病原体	含有病原体的工业废水，必须经过处理和严格消毒，彻底消灭病原体后再排入地面水

(三)养驴对环境空气质量的要求

环境空气质量标准，国家环保局 1996-10-01 实施标准为(GB 3095—1996)。该标准规定了环境空气质量功能区划分、标准分级、污染物项目、取值时间及浓度限值、采样与分析方法及数据统计的有效性规定。国家环境空气质量标准见表 2-3。由于驴并未划分进来，以牛舍作为参考。

表 2-3　国家环境空气质量标准

序号	项　目	单　位	场区	舍　区				
				禽　舍		猪舍	牛舍
				雏	成		
1	氨气	毫克/米^3	5	10	15	25	20
2	硫化氢	毫克/米^3	2	2	10	10	8
3	二氧化碳	毫克/米^3	750	1500	1500	1500	1500
4	可吸入颗粒(标准状态)	毫克/米^3	1	4	4	1	2
5	总悬浮颗粒物(标准状态)	毫克/米^3	2	8	8	3	4
6	恶臭	毫克/米^3	50	70	70	70	70

三、养驴对土壤环境条件的要求

土壤是动物和植物生存的主要环境，它的卫生状况直接或间接影响家畜的健康和生产力。土壤的物理状况，对空气环境有着直接的影响。近地空气层的热量主要来自地面辐射。地面温度高、辐射力强时，近地空气层的温度急剧升高；地面温度低或地表辐射弱时，空气温度就比较低。土壤透气性好时，地面及近地面空气层比较干燥；透气性不好的土壤，经常含水量很高，不仅使整个环境变潮，而且由于土壤中病原微生物繁殖，常引起某些急性传染病和寄生虫病的发生和传播。土壤中某些元素的缺乏、不足或过量，会导致生长在该土壤上的植物相应出现这些元素缺乏、不足或过量，以这些植物作为饲料，可引起家畜发生特有的疾病。因此，土壤的卫生状况与人、畜的关系十分密切。所以，必须清楚土壤的各种性质对土壤的影响。

(一)土壤的物理性状

1. 土壤的通气性　良好的土壤通气性对通气孔隙的要求一般在10%以上,如在15%～20%更佳,这样就可以正常透入空气,使土壤干燥。

2. 土壤的渗水性　致密坚实的土壤可降低其渗水能力,渗水性小,则湿度大。黏土类颗粒小,土壤颗粒间孔隙小,渗水性弱,易于潮湿。

3. 土壤容水量　当水渗入土壤后,能在孔隙中留存一部分水分,叫土壤的容水量。孔隙大,容水量也就大。100克沙能含水25克,而100克黏土可含水70克,100克黑土能含水140克。容水量大的黏土、黑土能引起地面及畜舍的潮湿,并可降低其通气性和渗水性,对土壤净化不利。

4. 土壤吸湿性　土壤自空气中吸收水分的能力叫吸湿性。吸湿性与土壤孔隙大小成反比。故黏土类吸湿性大,畜舍易潮湿,而沙土类则相反。土壤中的腐殖质与胶体微粒能提高吸湿性。

5. 土壤的毛细作用　土壤的水分具有上升的能力,叫土壤的毛细作用。颗粒越小,孔隙也越小,毛细管作用就越大,水上升就越高。黏土的升水力可达1.2米,黏性沙土为0.6米,沙土为0.3～0.5米。所以,畜舍建在黏土上,则易潮湿,故应采取防潮措施。否则,畜舍墙和地面容易潮湿。

6. 土壤的蒸发能力　蒸发能力大小与土壤颗粒大小、植被、日照和风等因素有关。空气湿度大或有雨雪,或土壤中含有增强湿度的可溶性盐类,土壤蒸发力就会减小,蒸发力越小则越潮湿。

7. 土壤的温度特征　土壤颜色越深,吸热就越多。土壤的热力学特性有蓄热性、导热性及辐射能等。潮湿的土壤蓄热性也高。因此,沙质、潮湿、紧密的土壤导热性较大。土壤的辐射能就是放热性,主要决定土壤的湿度,潮湿的土壤辐射作用较强也较寒冷。

土壤温度变化可影响家畜体温的调节。因此,驴场场址选择要特别注意土壤的温度特性。

(二)土壤的化学性状

1. 土壤的无机成分 土壤的无机成分主要是指一些化学元素,如常量元素、微量元素及盐类。

2. 土壤的有机成分 土壤的有机成分主要来自动物、植物、微生物残体和有机肥等。其中重要的是腐殖质。化学成分包括碳水化合物、木质素、脂肪、单宁、蜡质、树脂等。

3. 土壤中的气体 土壤中的气体主要来自大气以及土壤中生物化学过程所产生的气体。与水一样存在于土壤孔隙间。土壤所含的气体与空气是一样的。但含氧量少,二氧化碳多。

4. 土壤的水分 土壤的水分主要与地下水有关,地下水位高,土壤潮湿;地下水位低,土壤则干燥。因此,在建场时,应选择水位低的地方建场。

(三)土壤的微生物学性状

土壤内生活着很多的生物和微生物。微生物有细菌、放线菌、真菌、藻类以及病毒等;动物类中有鞭毛虫、纤毛虫等原生动物及线虫、昆虫等小动物。这些生物在地表多,越深层越少。土壤深层大多为厌氧菌。它们对土壤有自净作用,这一点很重要,但是还有一些对人、畜有害的病原微生物,也是危害很大的。所以,土壤在家畜流行病学上具有很大意义。

(四)地质化学环境与畜禽疾病

植物体的一切元素都来自土壤,土壤元素的变化必然会影响植物成分,进而影响动物机体与环境之间反复进行的物质与能量交换。人类和畜禽与环境在物质构成方面有着密切的联系,构成动物体组织的60多种元素，其含量与地壳中元素的分布有明显的相关性，其丰欠度也有一致性；而且许多元素对畜禽的生长、发育、繁殖、生产畜产品都具有十分重要的作用，有些是奶、肉、蛋、毛的重要成分。元素的不足或过量都会引起畜禽的不良反应，甚至发生疾病。而造成元素过量或不足的根源就是土壤。有些地方性人、畜共患疾病就是某种元素不足或过量而引起的。

1. 地质化学环境中的生命化学元素　动物与环境之间进行着物质交换，在生命活动中必须吸收的化学元素称为生命化学元素。包括常量元素的钙、磷、镁、钾、钠、氯、硫；微量元素的铁、铜、锰、锌、碘、钴、钼、铬等，它们广泛参与机体细胞代谢过程，畜禽生命化学元素在体内的大致含量见表2-4。

表2-4　畜禽生命化学元素在体内的大致含量

常量元素	占体重(%)	微量元素	毫克/千克
钙	1.5	铁	20～80
磷	1.0	锌	10～50
钾	0.2	铜	1～5
钠	0.16	锰	0.2～0.5
氯	0.11	碘	0.3～0.6
硫	0.15	钴	0.02～0.01
镁	0.04	钼	1～4
		硒	1.7
		铬	0.08

随着化验分析技术的完善和对微量元素认识的深入，发现一些非必需元素或有毒元素，在生命活动中也可能具有一定的功能。

微量元素的相互作用和影响非常复杂，当环境中某些元素共同存在并被一同摄入体内时，彼此之间存在拮抗或协同作用，影响体内生理平衡。例如,锰含量高时可引起体内铁贮备下降,在铁的利用中必须有铜存在;而饲粮中存在硫酸亚铁时,会形成硫化铜而降低铜的吸收。锌和镉可干扰铜的吸收;饲粮中锌、镉多时会降低动物体内血浆含铜量。由饲粮高铜所引起的肝损伤,可经过高锌缓解,但高锌又会抑制铁代谢。另外,有一些非必需的元素能取代或置换动物体内的必需元素。如砷取代磷、钨取代钼、银和金取代铜、碲和硒取代硫,因而危害健康甚至引起疾病。在营养上必须注意上述的一些关系,做出正确的判断和应用各种矿物元素。

2. 某矿物元素的缺乏或过量引发的疾病 土壤是一切动植物体常量和微量元素的主要供给者。因此,任何饲料无论它与土壤的关系是直接还是间接的,其中所含的各种元素都主要来源于土壤。各地区的植物含某种元素含量的不同,有时差异很大,其原因就是土壤的含量不同,过多或过少都会影响动植物的营养平衡,从而破坏机体的生理平衡,影响动物的健康或造成特异性疾病。地质化学环境中某种元素缺乏或过量引起的不同反应见表 2-5。

表 2-5 矿物元素缺乏或过量引起的畜禽疾病

元素	缺乏引起的病症	过量引起的病症	日粮干物质中含量的致毒反应量
钙	骨骼病变,骨软症	影响消化,扰乱代谢,骨变形	持续含1%以上
磷	幼畜佝偻病,成畜骨质软化症,多发于牧草含磷量0.2%以下地区	甲状旁腺功能亢进,跛行,长骨骨折	持续超过干物质的0.75%以上
钾	生长停滞、痉挛、瘫痪。日粮干物质中含量低于0.15%发病	影响镁代谢,为镁痉挛的原因	

续表 2-5

元 素	缺乏引起的病症	过量引起的病症	日粮干物质中含量的致毒反应量
镁	低镁痉挛、惊厥，牛、羊抽搐。一般青草含量低于干物质的0.25%发病	降低采食量，引起腹泻	不宜超过0.6%
硫	食欲不振、虚弱、产毛量下降	无明显有毒作用	硫酸盐形成的硫超过0.05%可中毒
铁	幼畜腹泻、贫血	瘤胃迟缓，腹泻，肾功能障碍	
锰	生长停滞。骨质疏脆，鸡脱腱病，繁殖力低	食欲不振，体内储铁下降，缺铁贫血	超过1000毫克/千克
锌	生长受阻，皮肤角化，睾丸发育不良	对铜、铁吸收不良易贫血	为日粮干物质的500～1000毫克/千克
碘	甲状腺肥大，生长迟缓，胚胎早死	鸡产蛋量下降，兔死亡率提高	不超过4.8毫克/千克为宜
铬	胆固醇或血糖升高，动静脉粥样硬化	致畸、致癌、抑制胎儿生长	
氟	牙齿保健不良，饲料和饮水中1～2毫克/千克即可	齿病变，如波齿、锐齿、骨畸形，跛行	不超过20毫克/千克为宜
钼	雏鸡生长不良，种蛋质量下降	牛腹泻，消瘦引起缺铜相同的骨骼病和贫血	超过6毫克/千克即可中毒
硅	骨骼和羽毛发育不良，形成瘦腿骨	在肾、膀胱、尿道中形成结石	

我国长江流域的土壤呈酸性缺钙。因此，由于稻草中缺钙，致

使该地区的草食畜(马、驴)易患缺钙症。有的地区干燥盐碱土壤中的钙,植物不易利用;高温多雨地区,因土壤被雨淋洗含钙低;还有的地区的饲草钙较多,但饲草含锰也多,而多雨年份含锰量下降。缺磷土壤中的饲料含磷量低,干旱年份饲草中含磷量十分贫乏。

干旱可使作物缺铁和锰,离海洋远的或海拔高的地区易缺碘。东北三省的辽、吉、黑和四川等地土壤缺硒,成为畜禽白肌病的高发区,在碱性土壤中,硒多为水溶化合物易被植物吸收,畜禽采食后过量中毒,酸性和中性土壤中硒不易溶解吸收。土壤中含硫量高,硫能抑制植物吸收硒。

当前还存在着微量元素的污染,影响面大,范围广,给人、畜造成很大的伤害,如汽车造成的铅污染,以及矿山、工厂区的污染。所以,钼、镉在土壤中含量大大超过 25 毫克/千克、0.6 毫克/千克,而且年年增加,对人、畜的危害逐日剧增。在饲料搭配和应用时必须注意这些因素。

总之,在饲料营养方面要科学地应用常量元素和微量元素,对调节它们的生物循环,预防地方性疾病有很大作用。农业生产上测土施肥对动物均衡营养也有很大益处。

四、驴舍环境质量的要求

(一)驴场的场区规划

驴场通常分为管理区、生活区、生产区和病驴隔离治疗区。四个区的布局直接关系到驴场的劳动生产效率、产区的环境状况和兽医防疫水平,进而影响经济效益。

1. 生产区　生产区主要包括驴舍、运动场、积粪场,这是驴场的核心,应设在场区地势较低的位置,要控制场外人员和车辆,使之不能直接进入生产区，以保证生产区安全、安静。驴舍之间要保持适当的距离，一般要求两栋畜舍间距离（日照间距）应为畜舍高度的1.5～2倍。畜舍布局要整齐，以便防疫和防火，但要适当集中，节约水、电线路和管道，缩短饲草、饲料及粪便运输距离，便于科学管理。还有生产辅助区，包括饲料库、饲料加工车间、青贮池（窖）、机械车辆库、采精授精室、液氮生产车间、干草棚等。饲料库、干草棚、加工车间的青贮池（窖）离驴舍要近些，以便于车辆运输草料，减少劳动强度。但必须防止驴舍和运动场内的污水渗入而污染草料。所以，一般应建在地势较高处。

生产区和管理区之间距离，大型场为200米左右，中小型场为50～100米。

生活区和生产区之间距离，大型场不少于300米，中小型场不少于100米。

种畜区和商品畜区之间距离，大型场至少200米，中小型场至少100米。

病畜管理区和畜舍应相距300米以上，并严格隔离。

积粪场（池）应与居民区、住宅区保持200米，与畜舍保持100米的卫生间距。

生产区和辅助生产区要用围栏或围墙与外界隔离。大门口设立门卫传达室、消毒室、更衣室和车辆消毒池，严禁非生产人员出入场内，出入人员必须经消毒室或消毒池进行消毒。

2. 管理区　包括办公室、财务室、接待室、档案资料室、活动室、实验室、化验室等。

3. 生活区　职工生活区应在养殖场上风口和地势较高的地段，以保证生活区良好的卫生环境。

4. 病畜隔离治疗区　包括兽医诊疗室、病畜隔离室，此区设在下风口、地势较低处，应与生产区距离100米以上，病畜区应便于隔离，有单独通道，便于消毒和污物处理等。

(二)驴场建筑物的配置要求

驴场建筑物要统一规划,合理布局,因地制宜,便于管理,有利生产,便于防疫安全。做到整齐、紧凑、充分利用土地,节约投资,经济适用。

1. 驴舍 东北、华北、内蒙古、青海等地的驴舍设计以防寒为主,长江以南则以防暑为主。驴舍的形式以规模和饲养方式而定。驴舍的建造应便于饲养管理,便于采光,便于夏防暑、冬防寒,便于防疫;修建多栋驴舍时,过去均采取长轴平行配置,以满足视线美观。但无公害畜禽饲养时,为了便于畜舍通风换气,应交叉配置多栋畜舍。当驴舍超过 4 栋时,可以 2 行交叉配置,前后对齐,相距 20 米以上。

2. 饲料库 建造地应选择在离每栋驴舍的位置都较适中处,并且位置稍高,既干燥通风,又利于成品料向驴舍运送。

3. 干草棚及草库 尽可能设在下风向地段,与周围房舍至少保持 50 米以上距离,单独建造,既防止晒草影响驴舍美观,又要达到防火安全。

4. 青贮窖(池) 建造选址原则同饲料库。位置居中,地势较高,防止粪尿等污水渗入污染。同时,要考虑出料时运输方便,减少劳力浪费。

5. 兽医室 病驴舍应设在养殖场下风口的偏僻一角处,便于隔离,减少空气和水的污染传播。

6. 办公室和职工宿舍 设在养殖区外地势较高的上风口。以防空气和水的污染及疫病传染。养驴场门口应设门卫、消毒室和消毒池,以便人员车辆消毒。

(三)驴舍建筑要求

1. 驴舍建筑要求 驴舍的建筑应根据当地气候条件和生产

用途等因素来确定。建驴舍要经济适用，符合饲养管理、卫生防疫的要求，做到科学合理。

驴舍内要干燥通风、冬暖夏凉，地面保温不透水、不打滑，且污水、粪尿易排出舍外。舍内清洁卫生，空气清新。驴舍坐北朝南或朝东南为好，防风向南，驴体舒适。舍内要有一定大小的门窗，保证光线和空气流通。房顶要防漏水，防太阳辐射。要求轻质防火、保温、隔热、抗冻、防风的坚固材料。墙壁要卫生、坚固、防震、防火、隔热、保温，便于消毒。

2. 驴舍的基本结构

(1)地基与墙体　基深 80～100 厘米，砖墙厚 24 厘米(或再厚一些)，双坡式驴舍脊高 4～5 米，前后檐高 3～3.5 米。驴舍内墙的下部设墙围，防止水汽渗入墙体，提高墙的坚固性、保温性。

(2)门窗　门高 2.1～2.2 米、宽 2～2.5 米，设双开门，也可设翻卷门。窗为封闭式，应大些，高 1.5 米、宽 1.5 米；窗台距地面 1.2 米为宜。

(3)屋顶　常用双坡式屋顶。舍内跨度较大，经济保温好，易施工建造。屋顶要设气楼窗。

(4)驴床和饲槽　驴床一般要求长 1.6～1.8 米、宽 1～1.2 米、床坡度为 1.5%，畜槽端位置高。饲槽设在畜床前面，以固定式水泥槽最适用，其上宽 0.6～0.8 米，槽底宽 0.35～0.4 米，呈弧形，槽内缘高 0.35 米(靠床侧)、外缘高 0.6～0.8 米(靠走道一侧)。

(5)通道和粪尿沟　对头式饲养的双列驴舍，中间通道宽 1.4～1.8 米。道宽以送料(草)车的宽度而定。若建通道和槽合一式，道宽 3 米为宜(含料槽宽)。粪尿沟宽应以常规铁锨正常推行宽度为宜，宽 0.25～0.3 米、深 0.15～0.3 米，为便于冲洗粪尿沟，应有一定的倾斜度，出处应低 3°～5°角。

(6)运动场、饮水槽和围栏　运动场长度应与舍长一致，每头驴 10 米^2，设计时计算其宽度数。饮水槽舍内和舍外运动场均需设置,(应设在运动场边)槽长3～4米,上宽70厘米,槽底宽40厘米,槽高40～70厘米。每25～40头驴应设1个水槽,要保证供水充足、新鲜、卫生。运动场外围要设围栏,可用钢管,也可用水泥桩建造。要求结实耐用。

(四)驴场的绿化

驴场要因地制宜、统一布局,进行植树造林、栽花、种草,绿化驴场环境。

1. 规划场区林带 在场区界周边种植乔木、灌木混合林,并栽种刺篱笆,起美化环境、防风固沙作用。

2. 场区隔离带的设置 主要分隔场内各区,如生产区、生活区及管理区的四周,都应设置隔离林带,一般可用杨树、榆树等,其两侧种灌木,以起到隔离作用。

3. 道路绿化 宜用塔柏、冬青等四季常青树种进行绿化,并配置小叶女贞或黄杨形成绿化带。

4. 运动场遮阳林 运动场的南、东、西三侧,应设1～2行遮阳林。一般可选择枝叶开阔、生长势强、冬季落叶后枝条稀少的树种,如杨树、槐树、法国梧桐等。

总之,树种花草选择应因地制宜,就地取材,加强管护,保证成活。通过绿化改善驴场环境条件和局部小气候,净化空气,美化环境,同时也起到隔离防疫等作用。

五、驴场废弃物的利用

(一)养殖场污染防治的现状

20世纪80年代以来,随着我国畜牧业生产集约化、商品化的迅速发展。畜牧生产形成规模化养殖,数量的增加,饲养场生产的废弃物(包括粪尿、垫草、废饲料及散落的毛羽等固体废弃物)排放量也随之增加,处理不当或不及时处理而造成对环境的污染也逐渐严重。虽然人们在多方面采取一些措施,减轻排放量,使养殖场环境卫生得到改善,又增加经济收益,减少对环境的污染。但总的形势仍不容乐观。有的养殖场废弃物仍没有开发和利用而造成资源的浪费和环境的污染。因此,国家提出《畜禽养殖污染防治管理办法》,对污染防治实行综合利用优先,资源化、无害化和减量化的原则。该办法共21条。广大养殖场及其经营者应认真遵守国家法规。

(二)养殖场废弃物的利用

养殖场的粪便排量比较大,是废弃物中的主要部分,如果处置管理不当,可变成重要的环境污染源。但如果经过无害化处理,并加以科学合理利用,则可以变为宝贵的资源。所以,当今的现代化、规模化养殖生产中废弃物处理和利用是不容忽视的、最迫切的问题。况且,养殖场废弃物利用的前景广阔,资源丰富,而途径较多。

1. 用作肥料　当今世界各国对畜禽粪便利用的主要途径是用作肥料,也是生态农业的一种方法,经过腐熟后用作肥田,有的国家也用作草场肥料等,驴粪当然是其中之一。

2. 用作饲料　猪粪、鸡粪经无害化处理后,可作牛、羊、马、驴等动物的饲料。

3. 用作肥田和沼气原料　草食动物的粪尿可以发酵,腐熟后可用作肥田和生产沼气的原料。

4. 用作培养料　部分废弃物可作为食用菌的培养基料,生产食用菌。

我国过去几千年来都是以畜禽粪便作为肥料被农田消纳,今后,随着农区畜牧业的不断发展,养殖废弃物的消纳应更有作为。它可以减少排放,减轻污染,增加农牧业的生态效应和养殖业的经济效益。

第三章　驴的选育与繁殖

选育是繁殖的基础,二者相辅相成,是根据种驴的体貌特征、年龄、毛色与经济价值、生产能力、遗传力和种用方向等优良性状,使其一代代的遗传下去。繁殖是选育结果的实际体现,是优良驴种群数量增加、质量提高、改良品种的重要手段和措施。因此,必须正确掌握种驴的选育方法,采用先进的繁殖技术,提高驴的繁殖力,是养驴的关键环节之一。

一、驴的选育

(一)选择驴的外形要求

观察驴的优劣、品质好坏,首先,应从驴的外形来看。将驴体分为三大部分:头颈、躯干和四肢,每部分再细看其若干小部位。应选择一个地势平坦、光线充足的地方进行。要距离驴 3～5 米远,就其外貌、体质、结构、营养及健康等给予大体的观察。然后根据利用方向及品种要求,依头、颈、躯干和四肢顺序分部位判定后,再牵行走动,进行步样检查。我国劳动人民在相驴方面积累了丰富的经验。如"目大鼻空、颈厚胸宽、肋密肷狭、足紧蹄圆、走路轻快、臀满尾垂者可致远,声大而长,连鸣几声者善走",还有"上看一张皮,下看四肢蹄,前看胸膛宽,后看屁股齐"、"头要方,额要宽,耳似削竹尖,眼亮圆,鼻大口方牙齿齐,脖子粗厚前胸宽,背腰平直不凹陷,屁股长宽肉丰满,四肢端正蹄质坚"、"四大、三高、双长、两短、一湾平"等。这些都是通过外形、长相、走相、毛色、年龄、体尺、体重以及双亲和后代等方面进行综合判定和选择,由外识其内,由粗达其精。

一般对驴的体质外貌的观察，首先是从头颈部开始，头要大小适中、干燥方正，以直头为好。前额要宽，眼要大而有神，耳壳要薄，耳根要硬，耳长竖立而灵活。鼻孔大，鼻黏膜呈粉红色。齿齐口方。种公驴的口裂大、叫声长，头要清秀、皮薄、毛细、皮下血管和头骨棱角要明显，头向与地面呈 40°角，头与颈呈 90°角。选择时应选颈长厚、肌肉丰满、头颈高昂、颈肩结合良好的个体。其次是躯干部，中躯长是驴躯干部的重要特点，包括鬐甲、背、腰、尻、胸廓、腹等。鬐甲要求宽厚高强，发育明显，如种公驴鬐甲低弱者应予淘汰。背部要求宽平而不过长，如凹背、软背、长腰的个体应予淘汰。尻部肌肉丰满，尻宽而大的正尻驴属标准的体格，适于选为肉用驴。胸廓要求宽深，肋骨拱圆，腹部发育良好，不下垂，肷部要求短而平。草腹驴不宜种用。对于种用公驴，阴茎要细长而直，两睾丸要大而均衡，隐睾或单睾者不可作种驴。母驴要阴门紧闭，不过小，乳房发育良好，碗状者为优，乳头大而粗、对称，略向外开张。再次是四肢部，要求四肢结实、端正，关节干燥，肌腱发达。从驴体前后左右四面看，是否有内弧或外弧腿(即 O 形或 X 形腿)；是否有前踏、后踏、广踏或狭踏等不正确的姿势；是否四肢关节有腿弯等现象。最后，牵引直线前进，观察步样如何，举肢着地是否正常，步幅大小，活动状态，有无外伤或残疾、跛行等。还应向畜主询问系谱、年龄、遗传、生理、饲养管理以及体尺体重等技术资料。

注："四大"指眼、鼻孔、顶骨、双凫大(双凫指静脉沟的后部，臂头肌)；"三高"指头、鬐甲、尾本高；"双长"指颈项、四肢长；"两短"指腰、系短；"一湾平"指脊背平。

(二)驴的选种

1. 引种时要注意生态适应性

驴的选种工作，是一件很复杂的事情，是育种工作的中心环节之一。但生态适应性不可忽视,在本地,本品种选育环境条件差异比较小;如果从外地引入,首先要看地区差异大的环境条件,如海拔、气候、自然经济地理条件,驴是否适应。如低海拔区向高原地区引入,必须考虑能否发生缺氧的低气压反应等;南方品种向北方高寒地区引种要考虑能否适应寒冷条件,如不适应,则引入后会遭引种失败。一般情况家畜从低劣环境引种到良好的环境比较容易,由温暖地区引种到高寒地区要考虑对寒冷的适应性。引种最好在春、夏季进行,且在性成熟年龄比较适当。而妊娠母畜在妊娠后期切不要引入。在同一品种内较小的中等体型比大型更有耐受力,能较好地完成风土驯化。所以,在家畜引种中,要保证生态效应的充分发挥,必须保持家畜与环境的统一。采取的办法有三:一是家畜适应环境;二是改变环境来满足家畜的要求;三是在生态条件基本相似的区域内引种,找到其潜在的生态区域。最后1种方法是最为切实可行的。而且,在引入新地域后,必须考虑到动物的繁殖、存活率、发病率、生产性能、生长发育等表现,引种的生态适应性也就体现在上述各方面总的生态适应力。

2. 驴的综合选种

就是按照综合鉴定的原则,对于合乎种驴要求的个体,按血缘来源、体质外貌、体尺类型、生产性能和后裔鉴定等指标来进行选种。目的是对某头种驴进行全面评价或者是期望通过育种工作,迅速提高驴群或品种的质量。

(1)驴的血缘来源和品种特征　对被鉴定的每头驴,首先要看它是否具有本品种的特点,然后再看其血缘来源。如关中驴要求体格高大,头颈高扬,体质结实干燥,结构匀称,体形略呈长方形。全身被毛短而细,有光泽,以黑色为主,并有栗色。嘴头、眼圈、腹下为白色。不符上述特征,不予品种鉴定。

按血缘来源来选种时,要选择其祖先中没有遗传缺陷的,本身对亲代特点和品种类型特征表现明显,且遗传性稳定的个体。

(2)驴的外貌鉴定　根据驴的体貌和结构来进行本身的种用、役用或肉用价值的鉴定。特别是外貌鉴定除对整体结构、体质和品种特征进行鉴定外，还要对头颈、躯干、四肢三大部分每个部位进行鉴定，并按体质外貌标准评定打分。

(3)体尺评分　主要是体高、体长、胸围、管围和体重，按标准规定打分。

(4)生产性能　对公、母驴都有要求，特别是对肉用驴的肉用性能要求，主要是屠宰率、净肉率以及眼肌面积等；膘度、各部位肌肉发育情况，骨骼显露情况分为 4 等(上、中、下、瘦)。

(5)后裔鉴定　是根据个体系谱记录，分析个体来源及其祖先和其后代的品质、特征来鉴定驴的种用价值，即遗传性能的好坏。种公驴的后裔鉴定应尽早进行，在其 2～3 岁时选配同品种一级以上的母驴 10～12 头，在饲养管理相同情况下，根据驴驹断奶所评定的等级作为依据进行评定。而母驴依 2～3 头断奶驴驹的等级进行评定。种公驴后裔评定等级标准见表 3-1。

表 3-1　种公驴后裔评定等级标准

等　级	评级标准
特　级	后代中 75%在二级以上(含二级)，不出现等外者
一　级	后代中 50%在二级以上(含二级)，不出现等外者
二　级	后代中全部在三级以上(含三级)者
三　级	后代大部分在三级以上(含三级)，个别为等外者

驴亲代的品质，可直接影响其后代，一般以父、母双亲的影响最大。所以，在选种驴时，凡祖先、双亲的外貌、生长发育、生产性能、繁殖性能良好的一般比较好。尤其种公驴，俗话说公畜好，好一坡；母畜好，好一窝。因此，驴的综合选种对评价和比较种公驴的种用能力、提高驴群质量有明显的作用，应做好这项工作。

(三)驴的选配

选配是选种的继续,是育种的中心环节,也是选择最合适的公、母畜进行配种。目的是为了巩固和发展选种的效果,强化和创新人们所希望的性状、性能以及减弱或消除弱点和缺陷,从而得到品质优良的后代。选配时应考虑公、母畜体质外貌、生产性能、适应性、年龄和亲缘关系等情况。一般公畜均应优于母畜,但公母之间不应都有共同的缺欠。最优良母畜必须用最优良的公畜交配。有缺点的母畜要用正常的公畜交配。根据实际需要应正确而适当地运用杂交,但不能过分集中地使用。驴的选配方法分述如下:

1. 品质选配 本方法是根据公、母驴本身的性状和品质进行选配。它可分为同质选配和异质选配。前者就是选择相同优点或特点,如在体质类型、生物学特性、生产性能优秀的公、母驴交配。目的是巩固和发展双亲的优良品质和性状。而异质选配则有两种情况:一种是选择具有相对不同优良性状的公、母驴交配,企图将两个性状组合在一起,获得兼有双亲不同优点的理想后代个体;另一种是选择同一性状、优劣程度不同的公、母驴交配,以达到改进不良性状的目的,亦称为"改良选配"。驴的等级选配也属于品质选配。公驴的等级一定要高于母驴的等级。异质选配不能误解为弥补选配,两者毫无共同之处。弥补选配是指用具有相反缺点的公、母畜(如凹背和弓背等)进行杂交,这样不会有好的结果,往往这两个缺点会在后代中同时出现,所以弥补选配不可用。

2. 驴的亲缘选配 是指考虑到双方亲缘关系远近的交配,如父母到共同祖先的代数之和小于 6,称之为近交。相应的父母到共同祖先代数之和大于 14,则为远交。近交往往在固定优良性状,揭露有害基因,保持优良血缘和提高全群同质性方面起着很大作用。但为了防止近交造成的繁殖力、生活力下降等近交危害,需要在利用近交选配手段时注意严格淘汰,加强饲养管理和血液更新。一旦由于近交发生了问题,需要很长时间才能得到纠正,因此对驴的近交应取慎重态度,切不可轻易采用。

3. 驴的综合选配　动物选种选配是相互关联和相互促进的两个方面。选种可以增加驴群中生产性能高的基因比例,选配可有意识地组合后代的基因型。选种是选配的基础,因为有了优良的种驴,选配才有意义;选配又是进一步选种的基础,因为有了新的基因型,才有利于下一代的选种。选配在育种中既可以创造必要的变异,提高种群内的遗传变异,又可加快一个群体的遗传稳定性;当驴群中出现某种有益的变异时,可及时通过选配把握住变异的方向,使其稳定发展。而综合选配就是具体实现提高驴群品质的重要方法。通过多项指标来进行选配。其指标与综合选种是一致的。

(1)按血缘来源选配　要根据系谱,查明亲属利用结果,了解不同血缘来源的特点和它们的遗传亲和力,然后进行选配。亲缘选配,除建立品系时应用,一般不要采用,当发现不良后果时,应立即停止。

(2)按体质外貌选配　对理想的体质外貌,可采用同质选配。对不同部位的理想结构,要用异质选配,使其不同的优点结合起来。对选配双方的不同缺点,要用对方相应的优点来改进;有相同缺点的驴,绝不可选配。

(3)按体尺类型选配　对体尺类型符合要求的母驴采用同质选配,以巩固和完善其理想类型。对未达到品种要求的母驴可采取异质选配,如体格小,就应选取体大的公驴选配。

(4)按生产性能选配　如驮力大的公、母驴同质选配,可得到驮力大的后代。屠宰率高的公、母驴用同质选配,后代屠宰率会更高。同时,公驴比母驴屠宰率高,异质选配的后代屠宰率也会比母驴高。

(5)按后裔品质选配　对已获得良好驴驹的选配,其父母配对应继续不变。对公、母驴选配不合适的，可另行选配，但要查明原因。

在选配中不论采用什么样的选配，都不能忽视年龄的选配，一般情况是壮龄配壮龄、壮龄配青年、壮龄配老龄。青老龄公、母驴之间不可互相交配。

（四）驴的育种方法

驴的育种方法，主要包括本品种选育和杂交改良。

1. 本品种选育 本品种选育也称纯种繁育，是指同品种内的公、母驴的繁殖和选育。通过选种配种、品系繁育、改善培育条件以提高优良性状的基因频率，改进品种质量。为防止驴种退化，要根据不同情况，采取不同的选育方法。

（1）*血液更新* 血液更新又叫“血缘更新”，是防止近交退化的措施之一。指对近交而表现出生活力衰退的个体，引用其有类似性状，而无血缘关系的同品种驴与它交配 1 次。即暂时停止近交，引进外血，以便在不动摇原有亲交群遗传结构的条件下，使亲交后代具有较强的生活力和更好的生产力。对于本场内或本地公驴范围小，而且多年用的种驴往往血缘关系较近，如不及时换种公驴，很容易造成近亲。通过血液更新、加强饲养管理和锻炼，就可以避免造成生活力降低等问题。

（2）*冲血杂交* 冲血杂交又称导入杂交、引入杂交和改良杂交。如果纠正驴种某一个别缺点，或生产性能的缺陷，其他方面基本上就可以满足品种的要求，采用纯种繁育短期又不能见效，在此种情况下，可有针对性地选择不具这一缺点的优良品种来跟它杂交，来改进。为了不改变被改良品种的主要特点，一般只杂交一次。以后在杂交第一代杂种群中，选择优秀的杂种公、母驴和需要改良的公、母驴分别交配，如所生后代较理想，就使杂种公、母驴进行自群繁育。

采用这种杂交方法，在小型和中型驴分布地区经常采用，往往是引入大型驴进行低代(1～2 代)杂交，以提高其品质，而不改变小型或中型驴的吃苦耐劳、适应性强的特性。

(3)品系(族)繁育　品系(族)繁育是指为了育成各种理想的品系(族)而进行的一系列繁育工作。其工作内容：首先培育和选出优秀的个体作为系(族)祖。其次充分利用这头优秀种畜，并通过同质选配或亲缘交配，育出大量具有和系(族)祖类似特征的后代。再次在后代中选出最优秀又最近似系(族)祖的个体作为继承者，同时淘汰不合品系(族)特点的个体，继续繁育建立品系(族)。最后进行不同品系(族)的结合，以获得生活力强、特点多的优秀种畜，并从中选出新的系(族)祖，建立新的综合品系(族)，以后又让各品系(族)结合，又得到更为优秀的种畜，从而使品种不断提高和发展。

所以，品系繁育是选择遗传稳定、优点突出的公驴作系祖，选择具备品系特点的母驴，采用同质选配的繁育方法进行的。建系初期要闭锁繁育，亲缘选配以中亲为好，要严格淘汰不符合品系特点的驴，经 3～4 代即可建立品系，建系时要注意多选留一些不同来源的公驴，以免后代被迫近交。

品系建立后，长期的同质繁育，会使驴的适应性、生活力减弱，这可通过品系间杂交得以改善。

品族是指以一些优秀母驴的后代形成的家族。品族繁育是在驴群中有优秀母驴而缺少优秀的种公驴或公驴少，血缘窄，不宜建立品系而采用的。

2. 驴的杂交　对分布在大、中型驴产区的小型驴实施，即用大、中型公驴配小型母驴。这些地区农副产品丰富，饲养管理条件相对优越，当地群众有对驴选种、选配经验，通代累代杂交，品质提高很快。

杂交，对肉用驴的培育也是一种可行的重要方法。

(五)驴驹的培育

驴驹生长发育及生产性能的发挥是由本身遗传特性和外界环境条件所决定的,有它一定的规律性。驴驹的培育就是要创造有利的生活环境条件,使其符合驴的生活要求,并能朝着人们需要的方向生长发育。

1. 驴驹的生长发育规律 驴驹从初生到成年,年龄越小、生长发育越快。不同的年龄阶段,各部位发育的强度也是不一样的。如果幼驹早期营养不好,则因发育受阻,会成为长肢、短躯、窄胸的幼稚型,以后是无法补救的。

(1)胎儿期驴驹的生长发育 驴驹初生时,体高和管围已分别占成年驴的62.9%和60.3%;而体长和胸围则分别占成年驴的45.28%和45.69%;体重为成年驴的10.34%,可见胎儿期生长发育是非常快的。

(2)哺乳期的驴驹生长发育 从出生到断奶(6月龄)是驴驹生后生长发育最快的阶段,各项体尺占生后生长总量的一半左右。这时体高占成年驴的81.89%,体长占成年的72.71%,胸围占成年的68.84%,管围占成年的81.24%。这一阶段生长发育得好坏,对将来种用、役用、肉用价值影响很大。

(3)断奶后的驴驹生长发育 驴驹从断奶到1岁,体高和管围相对生长发育最快,1岁时它们已分别占成年的86.6%和83.81%,而此时,体长和胸围也分别占成年的79.33%和75.86%。

断奶后第一年,即6月龄至1.5岁,为驴驹生长发育的又一高峰。1.5岁时体高、体长、胸围、管围分别占成年的93.35%、89.89%、86.13%和93.45%,是肉用驴的最好食用时期之一。

2岁前后,体长相对生长发育速度加快。2岁时,体长可占成年的93.71%,此时体高和管围分别占成年的96.29%和

97.25%，而胸围占成年的89.31%。

3岁时，驴的胸围生长速度增快，胸围占成年的94.79%，而这时体高、体长和管围也分别占成年的99.32%、99.32%和98.56%。3岁时驴的体尺接近成年体尺，体格基本定型，虽胸围和体重以后还有小幅增长，但此时驴的性功能已完全成熟，可以投入繁殖配种。断奶后的驴驹生长发育规律概括为"1岁长高，2岁长长，3岁长粗"。从关中驴不同年龄的体尺表可以看出这种规律，同源关中驴不同年龄体尺表见表3-2。

表3-2　同源关中驴不同年龄体尺表　（单位：厘米、%）

年　龄	体　高		体　长		胸　围		管围	
	平均	占成年	平均	占成年	平均	占成年	平均	占成年
3天	89.18	62.93	63.81	45.28	71.25	45.69	10.10	60.33
1月龄	94.00	66.33	74.75	53.05	79.75	51.15	10.83	64.69
6月龄	116.05	81.89	102.45	72.71	107.33	68.84	13.60	81.24
1岁	122.72	86.60	111.79	79.33	118.00	75.68	14.03	83.81
1.5岁	132.29	93.35	126.66	89.89	134.29	86.13	15.66	93.54
2岁	136.45	96.29	132.05	93.71	139.25	89.31	16.28	97.25
2.5岁	138.23	97.55	136.10	96.59	142.04	91.10	16.43	98.14
3岁	140.75	99.32	139.95	99.32	147.79	94.79	16.50	98.56
4岁	141.62	99.94	140.90	100	153.91	98.71	16.73	99.94
5岁	141.70	100	140.90	100	155.91	100	16.74	100

（4）**2岁以内关中驴公、母驴的生长强度比较**　2岁以内关中驴（公、母驴）的生长强度对比见表3-3。

表 3-3　2 岁以内关中驴(公母驴)的生长强度对比

<table>
<tr><th colspan="2" rowspan="2">生长强度特点</th><th colspan="4">相对生长率(%)</th></tr>
<tr><th>体 高</th><th>体 长</th><th>胸 围</th><th>管 围</th></tr>
<tr><td colspan="6">0～6 月龄以内,公、母驴的生长强度、体高、体长、胸围的增长值都超过 20 厘米,管围均在 2～3 厘米,为生后生长强度最快时期,且公、母驴差别不大</td></tr>
<tr><td rowspan="2">断奶后生长强度</td><td>公驴驹 6～12 月龄时最大</td><td>7.79</td><td>14.22</td><td>11.17</td><td>8.24</td></tr>
<tr><td>母驴驹 12～18 月龄时最大</td><td>8.64</td><td>13.30</td><td>13.80</td><td>11.60</td></tr>
</table>

2. 驴驹培育的要点

(1)胚胎期驴驹的培育　养好妊娠母驴,保证胎儿正常发育。先天发育良好,才能为后天发育奠定良好的基础。胎儿的营养由母体获得,因此必须加强妊娠母驴的饲养管理,特别是妊娠最后 2～3 个月。不但有利胎儿良好发育,而且为产后哺乳打下良好的营养基础,所以母驴的饲养管理一定要加强。

(2)哺乳驴驹的培育　新生驹对外界环境适应能力差,需要给予良好的饲养和精心照护。

第一,要让驴驹尽早吃上初乳。产后 3 天内的初乳,营养丰富,含有抗体和较多的无机盐类,可增加初生驴驹免疫力,并有利于胎便排出。驴驹出生后半小时即可站立,接产人员应尽早引导幼驹吃上初乳。产后 2 小时内仍不能站立的驴驹,可挤奶喂初乳,2 小时喂 1 次。

第二,注意观察驴驹。刚出生时行动不很灵活,易发生意外,要细心管护。初生当天,应注意胎粪是否排出。胎粪不下时,要用温水或生理盐水 1 000 毫升,加甘油 10～20 毫升或软肥皂水灌肠;或请兽医处置。如果腹泻(排灰白色或绿色粪便)应暂停哺乳,予以治疗。同时，检查母驴乳房和驴饲料是否卫生，褥草是否干燥、清洁、温暖。

第三，缺乳或无乳驴驹的饲养。无乳驴驹多为母驴死亡而造成的。最好找产期相近的，奶质好的母驴代养。此外，还可用牛、羊奶来喂。由于牛、羊奶中含蛋白和脂肪均高于驴奶，而乳糖低于驴奶，所以喂奶应适当加以稀释（以水加以稀释 1∶1），并加适量的食糖和石灰水少许（半升牛、羊奶加 3～5 汤匙），温度保持 35℃～37℃，每隔 1.5～2 小时喂 1 次，以后驴驹长大时，间隔时间可以稍长一些。

第四，尽早补料。幼驹生后半个月，便会随母驴吃草料。提前开始补料，对促进幼驹发育，特别是对消化道的发育很有益处。生后 1～2 个月龄时，应开始补喂精料，最初用炒豆或煮成八成熟的小米或大麦麸皮粥，每天 150～200 克单独补喂。到 2 月龄时，逐渐增加到 0.5 千克，断奶时达到 0.75～1 千克。另外，每天还要补充食盐、骨粉 10～15 克，饲草任其自由采食或随母驴放牧。

（3）断奶后驴驹的培育　适时断奶，全价营养饲喂是培育断奶驴驹的重要技术。驴驹一般在 6～7 月龄时断奶。断奶是驴驹从哺乳过渡到独立生活的阶段。断奶后第一年的驴驹正处于迅速生长阶段，日增重达 0.35 千克，对断奶的驴驹，要每日 4 次给予优质草料配合的日粮，其中精料应占 1/3，每日不少于 1.5 千克。随着年龄的增长，要相应增加精料，1.5～2 岁性成熟时，喂给精料量不应低于成年驴，同时对公驹还要额外增加 15%～20%的精料，精料中要含 30%左右的蛋白质。驴驹的饮水要干净、清洁、充足，有条件的可以放牧或在田间放留茬地，幼驹的运动有利于增进健康。1.5 岁时，公、母驴驹要分开，防止偷配。不作种用的公驴要及时去势。开春和晚秋各进行 1 次防疫、检疫和驱虫工作。

二、驴的繁殖

驴的繁殖是增加种群数量、提高种群质量和改良品种的重要手段，必须掌握驴的繁殖生理特点，掌握驴的发情和妊娠，以及提高繁殖力的措施。

(一)驴的繁殖特点

公、母驴的生殖器官发育成熟后，由于不同的生理特点生产精子或卵子，同时产生正常的性功能，通过配种，精、卵在母驴体内结合受精使母驴妊娠。

1. 公驴的生殖器官及功能 公驴的生殖器官主要包括睾丸、附睾、输精管、副性腺、尿生殖道和阴茎等。睾丸的功能是产生精子和分泌雄性激素，呈卵形，重150～200克，在阴囊中。附睾在睾丸上面，有使精子成熟和暂时储存精子的功能。公驴交配射精时，由于输精管收缩，附睾中的精子通过输精管，并接收来自副性腺分泌的分泌液形成精液，精液通过阴茎中的尿道输入到母驴的生殖道内。公驴每次射精量为30～100毫升，每毫升精液中含精子0.8亿～2亿个。

2. 母驴的生殖器官及功能 母驴生殖器官主要包括卵巢、输卵管、子宫、阴道和外生殖器等。卵巢在骨盆腔内左右各1个，重20～40克，通过直肠可以摸到它的发育、变化情况。卵巢是产生卵子和分泌雌性激素孕酮的椭圆形实质器官。它发育成熟后，除已妊娠和冬季外，每隔21天左右，就产生1个成熟的卵子，排到输卵管内。如经交配，则在输卵管上1/3处与通过子宫进入输卵管的精子结合、受精。受精卵再下行到子宫着床后发育成胎儿。

(二)驴的繁殖功能和繁殖力

1. 驴繁殖功能的几个基本概念

(1)性成熟　驴驹生长发育到一定时候,其生殖器官已发育完全,母驴开始正常发情,并排卵;公驴有性欲表现,具有繁殖能力,这就叫性成熟。性成熟受品种、外界自然条件、饲养管理等多方面因素的影响,驴性成熟一般为1～1.5岁。

(2)初配年龄　初配年龄是指第一次配种的年龄。性成熟后,驴体继续发育,待到一定年龄和体重时方能配种。过早配种会影响驴体发育,为防止早配,幼驴驹在8～9月龄时公、母分开饲养。母驴体成熟为3.5～5岁,故初配年龄在3岁,达成年体重90%时为宜。而公驴一般到4岁才能正式配种使用。

(3)发情季节　驴是季节性多次发情的动物。一般在每年的3～6月份进入发情旺期,7～8月份酷暑期发情减弱。发情期延至深秋才进入乏情期。母驴发情较集中的季节称之为发情季节,也是发情配种最集中的时期。有的母驴也可常年发情。但秋季产驹成活率低,断奶重、生长发育均差。母驴发情季节见表3-4。

表3-4　母驴发情季节统计表　(单位:头)

品　种	头　数	1月	2月	3月	4月	5月	6月	7月	8月	9月
晋南驴	518	—	—	30	103	114	84	100	56	31
广灵驴	568	—	—	69	101	79	110	115	75	19
庆阳驴	245	3	6	19	51	61	55	33	17	—
合　计	1331	3	6	118	255	254	249	248	148	50
占(%)		0.02	0.45	8.87	16.16	19.08	18.70	18.63	11.12	3.75

可见母驴发情季节集中在4～7月份,要把握时机适时配种。

(4)发情周期　是指一次发情开始至下一次发情开始或由一次排卵到下次排卵的间隔时间。发情周期是母驴的一种正常的繁殖生理现象。母驴伴随生殖道的变化，身体内、外发生了一系列生理变化。一个发情期内，包括发情前期、发情期、发情后期（排卵期）和休情期（静止期）。母驴发情周期为 21～28 天。影响发情周期长短的主要因素是气候和饲养管理条件等。

以广灵驴为例可以说明，在气候适宜、草料丰盛时对发情周期的影响。广灵驴不同月份发情周期变化见表 3-5。

表 3-5　广灵驴不同月份发情周期变化　（单位：头、天）

月　份	3 月	4 月	5 月	6 月	7 月	8 月	9 月
统计头数	69	101	79	101	115	75	19
平均天数	22.1	22.6	22.1	20.9	20.5	19.5	—
天数范围	13～29	10～30	15～33	14～30	10～26	18～26	—

（5）*产后发情*　母驴在分娩后短时间内出现的第一次发情，称之为产后发情。母驴产驹数日即可发情配种，而且容易受胎。群众把产后半个月左右的第一次配种叫“血配”、“配血驹”或“配热驹”。母驴产后发情不表现“吧嗒嘴”、“背耳”等发情征状，但经直肠检查，确有卵泡发育。母驴产后 5～7 天，卵巢上就有发育的卵泡出现，随后继续发育，直到排卵，均无外部发情表现。关中驴（母驴）产后首次排卵时间多集中在产后 2 周左右。

（6）*发情持续期*　指发情开始到排卵为止，中间所间隔的天数。驴发情持续期一般为 2～8 天，在发情结束前 1～2 天排卵，每次排 1 枚卵。发情持续期的长短，随母驴年龄、营养状况、季节、气温和使役的轻重而不同。年龄小、膘肥、使役过重的母驴发情持续期较长；反之则短。在气温低的北方，每年母驴 2～3 月份就开始发情，但早春发情持续期较长，卵泡发育缓慢，常出现多卵泡发育和两侧卵巢卵泡交替发育的现象，长的可达 20 天或更长。一般从 4 月份就转为正常，以广灵驴为例，发情持续期在不同月份的统计见表 3-6。

表 3-6　广灵驴发情持续期在不同月份的统计　（单位:头、天）

月　份	3月	4月	5月	6月	7月	8月	9月
统计头数	69	101	79	101	115	75	19
平均天数	5.8	5.9	5.4	5.7	5.6	5.9	6.2
天数范围	3～14	4～10	4～12	4～12	4～11	4～11	5～11

(7)妊娠和妊娠期　母驴发情接受配种后，精子和卵子结合受精，称为妊娠。从妊娠到分娩为止，胎儿在子宫内发育的这段时间称为妊娠期。驴是单胎妊娠，个别情况也有双胎。驴的妊娠期为360～365天，但随母驴年龄、胎儿性别和膘情好坏，妊娠期长短不一，但差异不会超过1个月，一般前、后相差10天左右。

2. 驴的繁殖力　驴的人工授精，平均情期受胎率为63%；人工辅助交配为70%以上。总受胎率为85%左右。双驹率为1.2%～1.4%，繁殖年限一般为16～18岁，饲养管理条件好者可达20岁以上。

(1)情期受胎率　情期受胎率指在一个发情期，受胎母驴头数占配种母驴头数的百分比。其计算公式如下：

$$\text{情期受胎率}(\%)=\frac{\text{一个情期母驴受胎头数}}{\text{参加配种母驴头数}}\times 100$$

(2)总受胎率　总受胎率指在一年配种期内，受胎母驴头数占受配母驴头数的百分比。其计算公式如下：

$$\text{总受胎率}(\%)=\frac{\text{全年受胎母驴头数}}{\text{参加配种母驴头数}}\times 100$$

(3)分娩率　分娩率指分娩母驴数占妊娠母驴数的百分比。这一指标反映了母驴维持妊娠的质量。其计算公式如下：

$$\text{分娩率}(\%)=\frac{\text{分娩母驴头数}}{\text{妊娠母驴头数}}\times 100$$

(4)繁殖成活率　繁殖成活率指本年度断奶成活的驴驹数占

本年度适繁母驴的百分率。它是母驴受配率、受胎率、分娩率和幼驹成活率的综合反映。其计算公式如下：

$$繁殖成活率(\%)=\frac{断奶成活驴驹数}{适繁母驴数}\times 100$$

(三)驴的繁殖技术

驴的繁殖技术大体上包括发情鉴定、人工授精、冷冻精液、发情控制、胚胎移植和妊娠诊断等。目前，在驴的繁殖技术中，冷冻精液推广的省份并不多，而发情控制和胚胎移植仍处于试验阶段。

1. 发情鉴定 为了提高母驴的受胎率，确保配种的最佳时期，人们多采用外部观察、试情、阴道变化、直肠检查等方法进行发情鉴定，而外部观察和直肠检查是重点。

(1)外部观察 母驴发情特征表现为两后肢叉开、阴门肿胀、头颈前伸、两耳后抿、连续吧嗒嘴；当见到公驴或公驴试情时，表现主动接近公驴、塌腰叉腿、频频排尿、张嘴不合、口涎流出，从阴门不断流出黏液，俗称“吊线”，愿意接受交配。在初配和有驹的母驴表现不明显，卵巢接近排卵时，外部表现反而降低，这时外部表现只能作为辅助方法。

(2)阴道检查 阴道检查宜在保定架中进行。检查前应将母驴外阴洗净、消毒、擦干。所用开膣器要用消毒液浸泡、消毒。检查人员手臂如需伸入母驴阴道触诊，也应消毒，术前涂上消毒过的液状石蜡。阴道检查主要是通过观察阴道黏膜的颜色、光泽、黏液及子宫颈口的开张程度，来判断配种的适宜时期。

①发情初期 发情初期开膣器插入阴道进行检查时，有黏稠的黏液。阴道黏膜呈粉红色，稍有光泽。子宫颈口略有开张，有时仍弯曲。

②发情中期 发情中期阴道检查较易，阴道黏液变稀，阴道黏膜充血，有光泽。子宫颈变软，子宫颈口开张，可容一指。

③发情高潮　发情高潮期阴道检查极易，阴道黏液湿润光滑，阴道黏膜潮红充血，有光泽，子宫颈口开张，可容 2～3 指。此期为配种或输精的适宜时期。

④发情后期　发情后期阴道黏液量减小，黏膜呈粉红色，光泽较差，子宫颈开始收缩变硬，子宫颈口可容一指。

⑤静止期　静止期阴道被黏稠浆状分泌物黏结，阴道检查困难，阴道黏膜灰白色，无光泽。子宫颈细硬，呈弯曲状，子宫颈口紧闭。

(3)直肠检查　即用手臂通过直肠，触摸两侧卵巢上卵泡发育程度，来选择最适宜的配种期。

①卵泡发育初期　两侧卵巢中有一侧卵巢出现卵泡，初期体积小，触之形如硬球，突出于卵巢表面，弹性强，无波动，排卵窝深。此期一般持续 1～3 天。

②卵泡发育期　卵泡发育增大，呈球形。卵泡液继续增多，卵泡柔软而有弹性，以手触摸有微波动感，排卵窝由深变浅。此期一般持续 1～3 天。

③卵泡生长期　卵泡继续增大，触摸柔软，弹性增强，波动明显。卵泡壁较前变薄，排卵窝较平。此期一般持续 1～2 天。

④卵泡成熟期　卵泡体积发育到最大程度。卵泡壁甚薄而紧张，有明显波动感，排卵窝浅。此期一般持续 1～1.5 天，应进行交配或输精。

⑤排卵期　卵泡壁紧张，弹性减弱、泡壁菲薄，有一触即破的感觉。触摸时，部分母驴有不安和回头看腹的表现。此期一般持续 2～8 小时。有时在触摸的瞬间卵泡破裂，卵子排出。直检时则可明显摸到排卵窝及卵泡膜。此期宜配种或输精。

⑥黄体形成期　卵巢体积显著缩小，在卵泡破裂的地方形成黄体。黄体初期扁平，呈球形，稍硬。因为周围有渗出血液的凝块，故触摸有面团感。

⑦休情期　卵巢上无卵泡发育，卵巢表面光滑，排卵窝深而明显。

直肠检查是鉴定母驴发情较准确的方法，也是早期妊娠诊断较准确的方法。同时，也是诊断母驴生殖器官疾病，进而消除不孕症的重要手段之一。所以，直肠检查是驴的繁育工作者必须掌握的操作技术。直检方法准确性强，操作要求高，必须遵循以下的程序和术式。

第一，保定好母驴，为防母驴蹴踢，检查前应将母驴保定，可采用栏内保定，或绊绳保定等方法。

第二，直检者做好准备，直检者应剪短、磨光指甲，以防划伤母驴肠道。还要做好手臂的消毒。先用无刺激的消毒液消毒，然后再用温开水冲洗。

第三，对母驴外阴部消毒，先用无刺激的消毒液洗涤，然后再用温开水冲洗。

第四，让母驴粪便排出，检查者先以手轻轻按摩肛门括约肌，刺激母驴努责排便，或以手推压，停在直肠后部的粪便，以压力刺激，使其自然排便。术者右手握成锥状缓缓进入直肠，掏出前部粪便。掏粪时应保持粪球完整，避免捏碎，以防被未消化的草节划伤肠道。

完成上述步骤后才可进行直肠检查触摸卵巢子宫，术者以左手检查右侧卵巢，右手检查左侧卵巢。右手进入直肠手心向下，轻缓前进，当母驴努责时，应暂缓前进，待伸到直肠狭窄部时，以四指进入狭窄部，拇指在外。此时，检查有 2 种方法：一为下滑法。手进入狭窄部，四指向上翻，在三四腰椎处摸到卵巢韧带，随韧带向下捋，就可以摸到卵巢，由卵巢向下，就可以摸到子宫角、子宫体。二为托底法。手进直肠狭窄部，四指向下摸就可以摸到子宫底部，顺着子宫底向左上方移动，便可以摸到子宫角，到子宫角上部，轻轻向后拉，就可以摸到左侧卵巢。

直检操作应注意下面几项：一是触摸时，应用手指肚触摸，严禁用手指抠、揪，以防抠破直肠，造成死亡；二是触摸卵巢时应注意卵巢的形状，卵泡的大小、弹力、波动和位置；三是卵巢发炎时，应注意区分卵巢在休情期、发情期及发炎时的不同特点；四是触摸子宫角的形状、粗细、长短和弹性；五是如子宫角发炎时，要区分子宫角休情期、发情期及发炎的不同特点。

2. 妊娠诊断

早期妊娠诊断是提高受胎率，减少空怀和流产的一项重要方法。妊娠检查常用外部观察、阴道检查和直肠检查 3 种方法。

(1)外部检查　外部检查即通过肉眼观察母驴的外部表现来判断是否妊娠。母驴的妊娠表现是：配种后下一情期不再发情。随着妊娠日期的增加，母驴的食欲增强，被毛光亮，肯上膘，行动迟缓，出粗气，腹围加大，后期可见胎动(特别是饮水后)。靠外部表现鉴定早期妊娠的准确性差，只能作为判断妊娠的参考。

(2)阴道检查　通过阴道黏膜、子宫颈状况来判断妊娠。母驴妊娠后，阴道被黏稠的分泌物所粘连，手不易插入。阴道黏膜呈苍白色，无光泽。子宫颈收缩呈弯曲状，子宫颈口被脂状物(称子宫栓)堵塞。

(3)直肠检查　同发情期鉴定一样，用手通过直肠检查卵巢、子宫状况来断定是否妊娠。主要判定依据是子宫角形状、弹性和软硬度，子宫角的位置和角间沟的出现，卵巢的位置、卵巢韧带的紧张度和黄体的出现，胎动和子宫中动脉的出现等。

妊娠 18～25 天，空怀时子宫角呈带状。妊娠后子宫角呈柱状或两子宫角均为腊肠状。空角发生弯曲，妊娠侧子宫角基部出现柔软如乒乓球大小的胚泡，泡液波动明显，子宫角基部形成“小沟”。此时，在卵巢排卵的侧面，可摸到黄体。

妊娠 35～45 天，左右子宫角无太大变化。可摸到的胚泡继续增大，形如拳头大小。角间沟尚明显。妊侧子宫角短而尖，后期角间沟逐渐消失，卵巢黄体明显，子宫颈开始弯向妊侧子宫角。

妊娠 55～65 天，胚泡继续增大，形如婴儿头大小。妊娠子宫角下沉，而卵巢韧带紧张，两卵巢距离逐渐靠近、角间沟消失、胚泡内有液体。此时，妊检易发生误检，应注意。

妊娠 80～90 天，胚泡大小如篮球。两子宫角全被胚胎占据，子宫由耻骨前缘向腹腔下沉，摸不到子宫角和胚泡整体。卵巢韧带更加紧张，两卵巢更加靠近。直检时，要区分胚泡和膀胱，前者表面布满了血管呈蛛网状，后者表面光滑充满尿液。

妊娠 4 个月以上时，子宫在耻骨前缘呈袋状，向前沉向腹腔，此时可摸到子宫中动脉轻微跳动。该动脉位于直肠背侧，术者手臂上翻，沿髂后动脉可摸到一个分支，即子宫中动脉；妊娠 5 个月以上时，可摸到胎动。

3. 驴的人工授精 驴的人工授精已是畜牧生产中比较成熟的技术，可以充分利用优良的种公驴，扩大优良种公驴的选配，加速驴群品质的提高，而且降低了种公驴的饲养成本。母驴通过发情鉴定适时配种，减少疾病的传染，提高母驴的受胎率，特别是还可以延长种公驴的使用年限，解决公、母驴远距离配种的问题。驴的人工授精的内容介绍如下。

(1)直肠检查　通过直肠检查，触摸卵巢来确定母驴适时配种时间。

(2)采精　种公驴的采精事先要进行选择和调教(过程略)。具体对公驴用假阴道采精步骤如下。

①台母驴的选择与保定　选择的台母驴应处在发情旺期，最好是体格健壮、无病而温驯的经产母驴。将选定的台母驴保定在采精栏上。有条件的可采用假台畜采精，更安全方便。

②假阴道的准备　装好假阴道后，先用 70%酒精消毒内胎和集精杯，再用 95%酒精擦拭，待酒精挥发后，再用稀释液冲洗。

③假阴道的调温、调压、涂润滑剂　先灌入 1 500～2 000 毫升

42℃的温水，用温度计测试假阴道内壁的温度，依公驴的习惯，保持在39℃～41℃的最佳温度。吹气加压，使采精桶大口内胎缩成三角形为宜。压力合适与否，种公驴个体间有一定差异。压力过大阴茎不易插入；压力过小，公驴缺少刺激而不射精。最后，用玻璃棒蘸消过毒的润滑剂涂抹假阴道内壁的前1/3。如涂抹过深易使润滑剂流入集精杯内，影响精液质量。

④冲洗公驴外生殖器 用软毛巾蘸温开水冲洗种公驴的外生殖器。

⑤采精 采精员在台畜右侧，右手握紧采精筒，待种公驴阴茎勃起，爬跨上台驴后，顺势轻托种公驴阴茎，导入假阴道。切忌用手使劲握拉阴茎。根据公驴阴茎勃起上台驴时阴茎角度，使假阴道与阴茎角度一致，便于抽动，不使阴茎弯曲。待公驴射精后，立即将假阴道阀打开放气，假阴道也随之竖起，使全部精液流入集精杯中，以纱布封口送入精液处理室。

(3)精液处理 室内凡接触精液的器械，事先一律经高压蒸汽消毒，用稀释液冲洗后备用。

①精液检查 将采取的精液用4层纱布过滤到量精杯内，以便除去杂质。随即检查精液品质。一是肉眼观察，正常精液的颜色为乳白色，无恶臭味。如发现有红色、黄色、灰色或具有恶臭味等，要分析原因，停止使用。同时，应记录射精量(驴的射精量为20～80毫升)。二是显微镜检查，用显微镜观察精子活力、密度以及畸形率等。同时，分别记录。精子活力指在体温的温度36℃～37℃条件下，呈直线运动精子数占总数的比例。通常按十级制(从0.1～1)分级，也可用百分率表示。驴精子活力低于0.4不能用，而人工授精用的新鲜精液活力不低于0.5，冷冻精液解冻后活力不低于0.3。驴精液密度也可用显微镜(400～600倍)来检查，分为密、中、稀(1亿个以下为稀，1亿～2亿个为中，2亿个以上为密)，驴精液密度在1.5亿个/毫升可以用。因为精液太稀影响受

胎，所以检查精子数(600 倍镜检)不少于 200 个，畸形率不超过 12%。

②精液稀释　精液稀释时必须严格遵守无菌操作规程。精液采取后，应立即过滤并稀释。精液的稀释就是利用对精子存活有利的营养液加到精液中来冲淡原有浓度，目的是延长精子存活时间、提高受胎率、增加精液量、扩大输精数量、提高优秀种公驴的利用率和便于运输等。稀释时要使稀释液的温度与精液温度基本上相近或稍低于精液 1℃。稀释时只能将稀释液倒入精液内，而不能相反，要将稀释液杯口紧贴量精杯口，沿着杯壁慢慢倒入量精杯。精液稀释倍数，应根据受胎母驴数、原射精量、精子密度、活力和计划保存时间来决定所用稀释液的种类和稀释倍数(一般为2～3 倍)。对稀释后的精液要进行第二次镜检，以验证稀释效果，如出现异常情况，要对稀释液进行检验。稀释液配方如下：

葡萄糖稀释液：无水葡萄糖 7 克，蒸馏水 100 毫升。

蔗糖稀释液：精制蔗糖 11 克，蒸馏水 100 毫升。

上述两种稀释液，均需混合过滤、消毒后方可使用。

奶类稀释液：鲜牛奶、马奶、驴奶或奶粉(10 克淡奶粉加 100 毫升蒸馏水)均可。先用纱布过滤、煮沸 2～4 分钟，再过滤冷却至 30℃左右备用。所有稀释液均应现配现用。

精液的保存：精液保存的理论依据是降低精子的代谢速度，抑制精子运动，达到延长精子存活时间的目的。其次，为精子制造适宜的 pH 值和低温的环境条件，按精液保存温度的不同可分为常温保存和低温保存，时间较短的只有 1～7 天；而超低温保存的冷冻精液可保存数年或数十年。

常温保存温度为 15℃～25℃，可利用室内、冷水、保温瓶、地窖或井中保存，由于温度不恒定，又叫变温保存。

低温保存温度为 0℃～5℃，精子运动完全停止，代谢比常温保存进一步降低，于是保存时间相对延长，其稀释液中必须加防冷休克物质，如卵黄、奶类等。

超低温保存，又称冷冻保存。根据冷源不同可分为－79℃（干冰）和－196℃液氮等冷冻保存法。精子在这种环境中，代谢完全停止，因此保存时间可达数十年。但精子复苏后活力一般只有0.3～0.6。此法在驴的应用还很少。

（4）输精　将受配母驴保定在四柱栏内，外阴要经过消毒冲洗后擦干。所有输精器材均应在输精前备齐，并保证清洁灭菌。输精员将手臂洗净，再用1%～2%来苏儿或0.1%新洁尔灭液洗涤消毒，最后用温开水洗净、擦干。输精员站在母驴左侧，右手握住输精管，五指形成锥形，缓缓插入母驴阴道内，迅速握子宫颈，将输精管插入子宫颈后，徐徐送入，左手握住注射器，抬高，任精液自流输入。在输精时要注意输精管插入子宫颈口以5～7厘米为宜，输精量为15～20毫升，但要保证输入有效精子数为2亿～5亿个。输精速度要慢，防止倒流；注射器内不要混入空气，防止感染。输完精后为防倒流要按摩子宫口或按压驴的腰背。输精后18天左右要进行第一次妊娠检查，以防隐性发情和假发情造成的空怀和人为流产。

4. 自然交配——人工辅助交配　在不具备人工授精条件的地区，普遍采用本交配种，大群放牧的驴群，多为自然交配。而农区母驴发情后牵到公驴处，进行人工辅助交配。因为母驴多在夜间和黎明排卵，因此交配时间最好是在早晨和傍晚。

配种前，先将母驴保定好，用布条将尾巴缠好并拉向一侧，洗净、消毒、擦干外阴。公驴的阴茎最好也用温开水擦洗。在配种前，先牵公驴转1～2圈，促进性欲，然后使公驴靠母驴后躯，让它嗅闻母驴阴部，当公驴爬跨到母驴背上时，辅助人员迅速将阴茎导入母驴阴道，使其交配。当观察到公驴尾根上下翘动、臀部肌肉颤抖，表明已在射精。交配时间一般在1～1.5分钟，射完精后，公驴伏在母驴背上不动，这时可慢慢将它拉下来，用温开水冲洗阴茎后，牵回厩舍休息。如果不进行卵泡直检，人工辅助交配要在母驴外观发情旺盛时配种，采用隔日配种的方法，配种2～3次即可。

5. 接产及难产的处理

（1）妊娠母驴的产前准备工作

①产房的准备　产房要向阳、宽敞、明亮、通风干燥，又能保温、防贼风。产前要进行消毒、更新垫草，如果无专门产房，可在厩舍一角静僻处围成产房。

②接产器械和消毒药物的准备　事先备好剪刀、镊子、毛巾、脱脂棉、5%碘酊、75%酒精、脸盆、棉垫、结扎绳等。有条件的还应备些助产器械。

③助产人员的选择　助产人员要经过专门助产训练，熟悉操作规程，有一定处理难产的经验。

（2）观察妊娠驴分娩前的表现　畜主根据妊娠驴妊娠日期大致判断预产日期，做好准备。妊娠11个月时乳房增大，从乳头流出黄色透明乳汁，预示接近临产期。外阴部潮红，尾根两侧肌肉塌陷。临产妊娠驴表现不安、不愿采食，出现腹痛症状，喘粗气、回头看腹、时卧时起、前蹄刨地，此时应做好接产准备。

（3）正常分娩的助产　当妊娠驴出现分娩症状时，助产人员应消毒好手臂做接产准备。铺平垫草，使妊娠驴侧卧，将棉垫垫在驴头部，防止伤头、伤眼。正常分娩时，胎膜破裂，胎水流出。如胎儿产出胎衣（羊膜）未破，应立即撕破羊膜，以便于胎儿呼吸，防止窒息。正生时，幼驹的前两肢，伸出阴门之外，且蹄底向下，称之为正前位。倒生时，后两肢蹄底向上，产道检查可摸到驴驹的臀部，称之为尾前位。助产员在正前位时，拉住胎儿前肢随同母驴努责，向外移动胎儿前肢，经几次努责胎儿就可产出。助产员切忌一味向外拉，这会造成胎儿骨折，并要保护好母驴的外阴部，以防撕裂。

（4）难产的助产方法　无论头前位还是尾前位先出，只要是头部或臀部伴随着前肢或后肢同时伸出，均属顺产。凡胎儿的头部、腿部或臀部发生变化，不能顺利产出者，均属难产。临床上正确处理难产，对保护胎儿健康和提高繁殖成活率均有重要意义。以下为常见难产的助产方法。

①胎头异位的助产　头颈侧弯：头颈侧弯是指胎儿两前肢已伸入产道，而头弯向身体一侧，所造成的难产。助产方法是用绳将胎儿两前肢结系好，将胎儿送回产道。助产者将手臂伸入阴道，抓住胎儿眼眶，将胎儿头整复，然后拉出。

胎头下垂：胎头下垂是指胎儿头附在两前肢下方，弯到胸部。助产方法：如系轻度变位，助产者可将手伸入阴道，抓住胎儿下颌，然后将胎儿头部上举，拉出产道，即可顺产而出。

胎头过大：胎头过大是指由于胎头大难以产出。助产方法：用手抓住胎儿两前肢，手伸入阴道，抓住胎儿下颌，将胎头转向，试行拖出，当胎儿头过阴门时，用手护住外阴部，以防外阴部撕裂。

②前肢异位的助产　前肢异位是胎儿一前肢或两前肢的姿势不正确，而发生难产。

腕关节(前膝)屈曲：头前位分娩时，前肢腕关节屈曲，增大胎儿肩胛围的体积难以产出。助产方法：如系左侧腕关节屈曲则用右手，右侧腕关节屈曲则用左手，先将胎儿送回产道，用手握住管部，向上方高举，然后将手放于下方球节部，暂时将球节屈曲，再用力将球节向产道内伸直，即可整复。

肩关节屈曲：即前肢肩关节处屈向胎儿体侧或腹下。助产方法：先用手握住屈曲的上膊或前膝，推退胎儿，并将腕关节导入骨盆口处，使之变成腕关节屈曲，再按整复腕关节屈曲方法处理，即可整复。

③后肢异位的助产　尾前位分娩时，一肢或两肢飞节发生屈曲。助产方法：以手握住屈曲的后肢系部或球节，尽力屈曲后肢所有的关节，同时推退胎儿，一般可整复。

④抱头难产　分娩时一前肢或两前肢在胎儿头部上方。助产

方法:用绳子拴住胎儿先位前肢的系部,一面用力推退胎儿肩关节,即可整复。

6. 新生驴驹的护理工作 驴驹出生后,应立即擦掉嘴唇和鼻孔上的黏液和污物,接着进行断脐。断脐方法有 2 种。

(1)徒手断脐 这种断脐方法干涸快,不易感染。其方法是:在靠近新生驴驹腹部 3～4 指处用手握住脐带,另一只手捏住新生驴驹脐带向胎儿方向捋几下,使脐带里的血流入新生驴驹体内。待脐静脉搏动停止后,在距腹壁 3 指处,用手指掐断脐带,再用 5%碘酊棉球,充分消毒残留于腹壁的脐带余端,不必包扎。但每过 7～8 小时再用 5%碘酊消毒 1～2 次即可。只有脐带流血难止时,才用消毒绳结扎。不论结扎与否,都必须用 5%碘酊彻底消毒。

(2)结扎断脐 在新生驴驹腹壁 3～5 厘米处,用消毒棉线结扎脐带后再剪断消毒。这种方法脐带断端被结扎,干涸慢,因消毒不严,易感染而发炎。所以,应尽可能采用徒手断脐法。

母驴产驹后,对驹体上的黏液不舔,助产者要用软布或毛巾擦干驴驹身上黏液,以防驴驹着凉。待驴驹能站立后,应尽早使驴驹吃上初乳,有利于增加免疫力和胎粪的排出,防止便秘。

(四)提高驴繁殖力的措施

驴的繁殖力比其他农畜较低,这与其本身的生理特点和明显的季节性有关。因此,影响驴繁殖的因素很多,诸如遗传、环境、营养、饲养管理、配种的时间和配种技术等,均对繁殖力有一定影响。为了提高驴的繁殖力,应采取以下措施。

1. 繁殖母驴应保持旺盛的生育能力 从母驴初次繁殖开始,随胎次和年龄的增长而繁殖力逐年升高,壮龄时繁殖力最强。无论公、母驴,当营养好时,都可繁殖到 20 岁以上;而营养差的仅可利用 15～16 岁,便失去繁殖力,在繁殖驴群中,要保持 65%～

70%进入旺盛生育期的母驴。

2. 繁殖驴群应保持良好的体况　繁殖公、母驴要经过严格选择，要繁殖性能好、身体健壮、营养状况中上等。以优质草料和充足的饮水供给。

3. 提高母驴的受配率　第一，需要调整驴群结构，增加繁殖母驴比例，使繁殖母驴占畜群比例达65%～70%。第二，要合理布局，建立驴的繁殖配种网站，开展人工授精，多配母驴。第三，增膘复壮，促进发情。草料不单一，日粮要全价。尤其在配种前和配种期，必须加强营养。第四，加强发情观察，建立及时报情制度。认准发情，保证不漏配。第五，对哺乳母驴，加快子宫复旧，促进早配，争取产后10天左右多配血驹，提高受胎率。第六，采取集中试情和配种的方法。发情后抓好时机及时配种，充分利用种公驴资源。第七，及时检查和治疗不发情母驴，无治疗价值的母驴及时淘汰。

4. 提高母驴的受胎率　①应加强饲养管理，保持适度膘情，饲料营养要全面、平衡。

②公驴精液质量要高，要符合标准。

③要适时输精、配种，要准确掌握发情鉴定，掌握输精时间，熟练掌握输精技术。

④要遵守操作规程，注意卫生。人工授精要严格无菌操作，防止母驴生殖道疾病蔓延。

⑤实行早期妊娠检查，抓紧复配。

5. 防止母驴的不孕和流产　母驴常因繁殖障碍造成不孕，常占空怀母驴的40%以上，给母驴繁殖造成很大损失。流产也是影响母驴增殖的另一因素，约占5%以上，所以繁殖疾病要加强预防，饲养管理不当，也会造成流产和不孕。

6. 提高驴驹的成活率　①要管护好新生驴驹。

②要注意保暖、防贼风，尤其气候突变时更要注意。

③产后让驴驹及时吃上初乳，出生后 2 小时内要吃上初乳。

④母驴的泌乳力对幼驹的成活和发育很重要，尤其前 3 个月的泌乳月很重要。

⑤对驴驹要早补饲，生后 1 周就开始诱食，给以柔软易消化的草料，随体重增加而渐增草料量。对驴驹要单槽饲喂较好。

第四章　驴的营养与饲料

一、驴饲料中的营养物质与功能

驴在正常情况下生长发育、生产、繁殖等，需要从饲料中摄取很多种营养物质，缺乏或过剩都会使生活、生命以及生产、繁殖遭受损害，从而发生疾病。特别是水、蛋白质、脂肪、碳水化合物、维生素、矿物质等，营养物质必须保持平衡、合理、科学，才能充分发挥家畜的生产潜力和遗传力，养畜才能获得较高的经济效益。

（一）水　分

水是一种极易被忽略，而且对维持驴生命来说又是极其重要的营养物质。水以与其他物质结合状态或溶液状态存在。植物中多汁饲料水分含量可达80%～90%，青贮饲料水分含量为75%～80%，谷类子实饲料含水分为12%～16%，干草含水分为18%～20%。水也是驴体内最多、最重要的成分，其体内含水量占体重的50%～70%。老驴、瘦驴、体弱驴体内水分少于幼驴驹和肥育驴，幼驴体内含水量占体重的70%左右，肥育驴体内含水量占60%左右，这是幼驴驹和肥育驴肉味美、肉嫩的原因之一。水对驴肌体至关重要，是驴体内重要溶剂，各种营养物质的吸收消化、运输与利用及代谢废物的排出，均需溶解于水中才能进行。因此，水对驴体有如下功能。

1. 水是驴体内重要溶剂　各种营养物质的消化吸收、运输与利用、代谢废物的排出都需要水，缺水比缺乏饲料更难维持生命。

2. 水是各种生化反应的媒介　驴体内所有生化反应，都在水溶液中进行。水是多种生化反应的参与者,如体内的水解反应、氧化反应、还原反应及有机物的合成等均需水,缺水不可。

3. 水参与体温调节 水的比热较高,每克水在37℃完全蒸发,可吸收热能2.51千焦(KJ)。通过排汗和呼气,蒸发体内水分,排出多余体热,以维持体温恒定。

4. 水有润滑作用 泪液可防止眼球干燥;唾液可湿润饲料和口腔、咽部,以便于吞咽;关节囊液滑润关节,使之灵活自如,并减少关节活动的摩擦损伤。

5. 水可维持组织器官的形态 驴体内的水分与亲水胶体相结合,直接参与活细胞和组织器官的构成,从而使各种组织器官保持一定的形态、硬度及弹性,以利于执行各自的功能。

6. 水是乳汁的主要成分 水可以直接影响驴驹的哺乳和生长发育。

驴体内水分的来源主要是饮水,另外还有饲料中的水分,以及驴体内物质代谢过程中生成的代谢水,占摄水量的5%～10%。所以,必须保证驴每天有足够的饮水量,最低要保证每100千克体重需饮水5～10升,为干物质采食量的2～3倍。但是,由于肌体代谢水平、生理阶段、环境温度、体重、生产方向以及饲料组成等不同而异。多饮水有利于减少消化道疾病,有利于肉驴肥育。母驴在妊娠期、哺乳期需水量多,饮水量必须增加,使其自由饮水。短期缺水会引起驴的生产力下降,幼驹生长发育受阻,肥育效果缓慢,母驴泌乳量下降。长期缺水会损坏驴的健康,甚至危害生命。失水达体重的20%可致死亡。

驴的饮水要充足,并且要注意水质,一般情况下对人体无害的水,对驴也是安全的。优质水的总可溶性固形物(TDS)含量应低于2 500毫克/升。所有的动物都能利用微咸的水,但从饮无盐水突然转变为微咸水时(TDS为1 000～3 000毫克/升),有些动物可能会发生暂时性的轻度腹泻。需适应一段时间。当可溶性固形物超过10 000毫克/升时，不可作驴的饮用水。某些矿物质盐类，驴（动物）摄取量超过比例时也是有毒的。此外，被有害微生物、农药等有害物质污染的水，也不能作驴（动物）饮用水。我国早已制定了生活用水卫生标准，是我们的主要依据，参见第二章表2-1。

(二)蛋白质

蛋白质是饲料营养中的最重要的营养成分，它是构成肌体组织器官的重要物质，也是肌体所有细胞、酶、激素、免疫体的原料，肌体的物质代谢也靠蛋白质维持。因此，蛋白质是其他营养物质所不能替代的。它是肌体内功能物质的主要成分，在动物的生命和代谢活动中起催化作用的酶，起调节作用的激素，具有免疫和防御机能的免疫体和抗体，都是以蛋白质为其主体构成的。另外，蛋白质在体内维持渗透压和水分的正常分布也起重要作用。蛋白质可在体内供应能量和转化为糖、脂肪，维持肌体的代谢活动。蛋白质是组织更新、修补的主要原料。蛋白质也是驴生产产品的重要材料。蛋白质缺乏或不足都会影响驴的生命活动和生产。相反，过多的供给蛋白质不仅造成浪费，而且有害，体内还得将过多的蛋白质代谢产物排出体外，从而增加肝、肾的负担，来不及排出的代谢产物在体内还会导致中毒。

植物中蛋白质含量不高，所以植物性饲料中蛋白质含量差异很大。如多汁饲料、秸秆饲料干物质中含蛋白质不足1%～2%，青草中含2%以上，干草3%～8%，玉米7%～10%，苜蓿干草11%～13%，油饼30%～35%，黄豆35%。动物性饲料中含蛋白质较高，如鱼粉、肉骨粉含蛋白质在40%以上。

驴的身体有1/5构成来自于蛋白质。因此，需进食相当数量的饲料蛋白质才可满足生产的需要。在养肉用驴时，日增重要求较高，其增重部分大多来自肌肉的生长，而肌肉形成要靠蛋白质。被消化吸收的饲料蛋白质，在正常情况下有70%～80%被利用组成驴体组织而形成产品。有20%～30%蛋白质在体内分解，放出能量，分解后产物随尿排出。当日粮蛋白质、能量不足，而且是限制饲喂时，将增大体蛋白质的分解，以补足肉驴对能量的需要，这是不经济的，所以必须在饲料中使蛋白质与能量之间的比例协调，避免以消耗蛋白质来补充能量的损失。从而影响驴的增膘效果，或影响驴的其他生产性能。

(三)碳水化合物

碳水化合物是驴主要的能量来源，饲料中的碳水化合物(包括单糖、寡糖、淀粉、粗纤维等)是驴主要的能量饲料，其中纤维素是驴日粮的重要成分，而木质素多半不能被利用。但它能填充胃肠，使驴有饱腹感，还可以刺激胃肠蠕动，增加消化液分泌，有利于饲料消化和粪便的排出，对驴来说是一种重要的物质。碳水化合物也是驴体组织、器官不可缺少的营养成分，对于剩余部分还可以转化为脂肪储存起来。所以，肉驴增膘后形成的脂肪即是这样转化过来的。肉驴肥育中常用的玉米、高粱、麦类等均属高能饲料，肉驴进食后使这些能量饲料转化为脂肪，结合适宜的环境条件，减少体耗能量，就可进行强化肥育。

驴是草食动物，靠盲肠和结肠中的微生物将粗饲料中的纤维素发酵分解，部分转化为挥发性低级脂肪酸，被驴体利用。因此，养驴必须供给优质、充足的青粗、多汁饲料。养驴可以充分利用当地的自然草料和秸秆资源。当前很多农区不适合放牧，林区禁牧，所以当前农民养驴，主要靠秸秆(玉米秸)，干草很少喂。而在秸秆、青干草收贮方面不科学，造成质量低劣、适口性差和营养低的严重问题，需要认真解决，实行科学调制和管理。

秋季收贮秸秆不注意收贮技术，随便堆放在田地里，雨淋、日晒使营养大量损失，有的秸秆、牧草发霉变质。管理不当，每日驴吃不饱肚子而得病，特别是冬季饥寒交迫。驴采食量小，粗饲料营养低，满足不了所需的营养。由于粗放管理，连精饲料都很少补充，更谈不上科学搭配饲料。所以，驴的配合饲料的推广普及应加强推行，以增加养驴效益。

(四)脂　肪

脂肪是驴体的重要组成部分，是驴体形成新组织及修补旧组织所不可缺少的物质。驴体各种器官和组织，如神经、肌肉、骨骼和血液等的组成中均有脂肪。脂肪也是三大能源之一，能量在动物体内为碳水化合物的 2.25 倍。脂肪体积小，蕴含能量多，储存在体内各器官的细胞和组织中，储积的脂肪有隔热保温、支持保护脏器和关节的作用。脂肪还是维生素 A、维生素 D、维生素 E、维生素 K 和激素的溶剂，它们需要溶解在脂肪中才能被吸收、利用。脂肪缺乏，就会引起这些脂溶性维生素的缺乏症。

对幼驴驹来说，脂肪为其提供了必需的脂肪酸(亚麻油酸、次亚麻油酸和花生油酸)。它们对幼驹的生长发育具有重要作用，也是激素的重要组成部分。缺乏必需脂肪酸会引起代谢紊乱，出现皮炎、尾坏死、生长停滞、繁殖功能降低，甚至死亡。由于幼驹需要量小，一般饲料中可以满足，不表现缺乏。驴对脂肪的消化利用不如其他反刍动物，因此含脂肪多的饲料不可多喂。

(五)矿 物 质

矿物质是组成驴机体不可缺少的部分，它参与驴的神经系统、肌肉系统，营养的消化、运输及代谢，体内酸碱平衡等活动，也是体内多种酶的重要组成部分和激活因子。矿物质缺乏或过量都会影响驴的生长发育，繁殖和生产性能，严重时可导致死亡。现已证明，至少有 16 种矿物元素是驴所必需的。常量元素(占体重 0.01%以上的)有 7 种，包括钙、磷、钠、钾、氯、镁、硫；微量元素(占体重 0.01%以下的)有 10 种，包括铁、铜、锰、锌、碘、硒、钴、钼、氟、铬。

矿物质元素的主要功能：矿物质元素是构成机体的重要原料，如钙、磷、镁是构成骨骼和牙齿的重要成分；磷和硫是构成体蛋白的重要成分。矿物质与蛋白质协同维持组织细胞的渗透压，以保证体液的正常移动和潴留。它是维持机体内酸碱平衡不可缺少的物质，也是体内许多酶的激活剂或组分。适宜的矿物质比例，是维持细胞膜的通透性及神经肌肉兴奋性的必要条件。驴体内某些物质发挥其特殊生理功能，有赖于矿物质的存在。

矿物质的营养作用有以下特点：一是各种矿物质间不能相互转化和替代，相互之间有拮抗或协同作用。如铁和铜对血液的生成有协同作用。钙与锌有拮抗作用，钙多，锌的利用率就差。拮抗在矿物质营养中广泛存在，尤其是同价的矿物质元素之间。二是矿物质元素在动物体内有不同程度的储备或有较大的适应性。三是家畜对矿物质的需要不仅有数量的要求，而且要求相互间有一定的比例关系，如钙∶磷＝1～2∶1。四是家畜对矿物质的需要不仅要考虑生理所需，同时也要考虑生产所需。

1. 主要常量元素的生理功能及缺乏症　常量元素的生理功能及缺乏症见表4-1。

表4-1　常量元素的生理功能及缺乏症

元　素	主要生理功能	缺乏的主要临床表现
钙(Ca)	占正常骨骼的36%，是构成骨骼、牙齿的主要成分，维持神经肌肉兴奋，参与凝血酶形成在小肠吸收	影响骨骼发育、出现代谢紊乱，影响生长发育、繁殖、泌乳等。发生软骨症、佝偻病、骨质疏松症、母畜产后瘫痪症，出现异嗜癖等。钙过多影响磷、铁、锰、锌、碘、脂肪的吸收等

续表 4-1

元素	主要生理功能	缺乏的主要临床表现
磷(P)	占正常骨骼的18%,参与构成活细胞的结构、有机物合成、降解、能量代谢、体液的酸碱平衡等作用,参与磷酸根的形成、酶和辅酸合成	同钙。 钙:磷=1~2:1、成年动物为2:1,钙的99%,磷的75%~85%都存在于骨骼和牙齿中。磷过多也可使骨骼生长不正常,抑制繁殖力
镁(Mg)	存在于所有组织中,有70%在骨中,其余在细胞外液中和细胞内,参与骨骼生长,是许多酶的必需辅助因子,起活化酶作用,参与许多代谢,在神经肌肉传导和活动中起重要作用	一般动物很少缺镁,只是牛、羊在春季饲料中需添加镁,防治缺镁痉挛症、出现神经过敏
钾(K)	钾离子在细胞内,维持细胞内渗透压,保持细胞容积,维持酸碱平衡,参与糖和蛋白质代谢,维持心血管神经和肌肉正常功能	缺乏会引起体内渗透压和酸碱平衡失调,一般正常情况下钾不会缺乏,不需要单独补加
钠(Na)	钠占体重的0.15%~0.25%,大部分在细胞外的体液中,维持体液的渗透压和酸碱平衡,调节体液、维持正常神经肌肉兴奋和冲动的传递,还可防止瘤胃过酸	缺乏会引起功能反常的生理现象。饲料中添加0.5%~1.0%的食盐,即可满足氯、钠的需要
氯(Cl)	氯主要分布于细胞外液。参与细胞外渗透压和胃酸形成,保证胃的pH值,参与淀粉酶激活等	氯和钠的来源主要是饲料中获取,所以要经常按需要不断添加满足需要。驴的精饲料中添加0.5%~1.0%,就可以满足氯、钠的需要
硫(S)	硫在驴体内含0.15%,大部分以有机物状态存在于蛋白质中,特别在毛、蹄、角爪内的角蛋白中含硫最多。含硫氨基酸、激素、硫胺素、生物素、含硫黏多糖等	单靠饲料中的硫往往不能满足需要,补给含硫氨基酸可以满足。对驴来说,不用特殊补硫。配料时注意含硫氨基酸就可以了。一般微量元素大部为硫酸盐,也可以满足

2. 主要微量元素的生理功能与缺乏症 微量元素的生理功能及缺乏症见表4-2。

表 4-2　微量元素的生理功能及缺乏症

元　素	主要生理功能	缺乏的主要临床表现
铁	红血球的成分,类金属酶	贫血、黏膜苍白、呼吸困难、食欲不振、生长受阻、腹泻等
铜	类金属酶	贫血、腹泻、毛色失常、后肢麻痹、骨质疏松、繁殖力下降
锰	酶基质活化剂	关节肿大、骨异常、腿变形、衰弱、行动困难、生长缓慢、共济失调、影响繁殖
锌	类金属酶,酶基质活化剂	上皮角化症、皮癣、皮肤损伤、腹泻、采食下降、睾丸发育不良、精子异常
碘	甲状腺激素组成部分	甲状腺功能减退、甲状腺肿大、代谢率下降、骨架小、侏儒症
硒	生物抗氧化剂,谷胱甘肽、过氧化物酶组成成分	肌肉营养性不良、心肌损伤、幼畜白肌病、渗出性素质、功能紊乱、生长停止
钴	维生素 B_{12} 的组成成分,酶基质活化剂,参与造血、蛋白质和脂肪代谢	维生素 B_{12} 缺乏症,消瘦、食欲不振、被毛粗刚,动物缺钴必须经口投给。反刍动物可投给钴,通过瘤胃合成维生素 B_{12},而单胃动物则应投给维生素 B_{12}
钼	是黄嘌呤氧化酶、醛氧化酶等的组成成分,有利于反刍动物	钼与铜相互拮抗,但也有协同作用。铜∶钼＝6～10∶1 为宜,一般土地和饮水条件下不缺钼。在饲料铜含量低时,较小量的钼就可引起中毒
氟	是哺乳动物骨骼和牙齿的结构成分,微量的氟是牙齿骨骼生长、保健所必需的	自然条件下动物不易缺氟,缺氟表现体重降低,牙齿色素沉着,骨质疏松和龋齿。氟过量易中毒,食欲减退、生长缓慢、骨质强度低、牙珐琅质出现斑点。日粮中铝盐和高钙可缓解中毒

注:镍、硅、铬、钒、锡已被证实为动物必需元素,但很少缺乏,无须补充。

(六)维 生 素

维生素可分为两大类,即脂溶性维生素和水溶性维生素。

维生素是维持驴体正常生长、繁殖、健康和生产性能所不可或缺的微量有机化合物,它是驴体不能直接合成的活性营养物质,必须从食物中提供。因此,维生素是必需的微量营养物质。每一种维生素都起着其他物质不可替代的特殊作用。若饲料中缺乏维生素,驴就不能正常生活、生长、生产,会患各种维生素缺乏症,严重时甚至死亡。而人为驴提供的各种维生素的数量、种类,对驴的健康营养水平、生产性能等都有很大的影响。所以,在设计维生素配比技术方面,把维生素用好、用当是一项比较精细而且复杂的技术工作。

首先,要掌握维生素的特点:

①它是天然食品中一种成分,但明显不同于碳水化合物、脂肪、蛋白质、矿物质和水等。

②在大部分食物中含量极微。

③它是动物正常代谢所必需的,维持动物机体健康及正常生理功能。

④若日粮中缺乏维生素或吸收、利用不当会引起某种特定的缺乏症或并发症。

⑤家畜自己不能合成,要有足够的维生素来满足它的生理需要,因此必须从日粮中获取。

其次,要用好各种维生素的配比,还应清楚各种维生素在饲料中的含量和来源、饲料维生素的国家标准。以及各种因素对维生素的影响,特别是各种维生素的生理功能及缺乏时的主要临床症状,各种维生素的生理功能及缺乏症见表 4-3。

表 4-3　各种维生素的生理功能及缺乏症

维生素种类		主要生理功能	缺乏的主要临床表现
脂溶性维生素	维生素 A	促进骨质生长，保护视力，保护上皮组织，增强免疫力，有利于繁殖	生长停滞，生产力下降，夜盲症，干眼病，体质衰弱，共济失调，NRA 代谢和蛋白质合成受影响
	维生素 D_3	促进肠道钙、磷吸收，调整钙、磷代谢和骨骼形成	生长缓慢，骨质疏松，佝偻病，先天骨畸形，影响禽类产蛋量、产蛋率
	维生素 E	生物抗氧化作用，合成前列腺素，保持协助生殖能力，增强机体免疫力、抗病力，参与细胞 DNA 合成调节，可降低重金属的毒性等	缺乏的症状很多与缺硒相似，表现肌肉营养不良，犊牛、羔羊白肌病，猪睾丸退化，肝坏死，免疫力降低，家禽繁殖功能紊乱，渗出性素质病等
	维生素 K	参与凝血活动、氧化、呼吸	家禽凝血时间过长，禽球虫病，在料用添加可止血
水溶性维生素	维生素 B_1（硫胺素）	作为辅酶，参与碳水化合成物代谢和脂肪	神经炎症状，禽缺乏时食欲丧失，消化不良，瘦弱，生长受阻，麻痹症，重则致死
	维生素 B_2（核黄素）	参与能量代谢	足肢瘫痪，四肢麻痹，腹泻，口腔炎，禽（鸡）产蛋量和孵化率下降等
	维生素 B_3（泛酸、遍多酸）	在饲料中的泛酸大多以辅酶 A 的形式存在，是参与碳水化合物、脂肪和氨基酸代谢的重要辅酶	猪缺乏：得皮炎，生长缓慢，患胃肠疾病 鸡缺乏：生长受阻，皮炎，眼睑结痂，胫骨变粗，严重则死亡

续表 4-3

维生素种类		主要生理功能	缺乏的主要临床表现
水溶性维生素	维生素 B_4（胆碱）	参与卵磷脂和神经磷脂的形成，胆碱是神经递质——乙酰胆碱的重要部分，是甲基的供给者	动物缺乏使生长缓慢，运动不协调，脂肪肝，骨粗短
	维生素 B_5（烟酸、PP、尼克酸）	通过 NAD 和 NAP 参与碳水化合物、脂类和蛋白质的代谢，在体内供能起重要作用	猪表现失重、腹泻、呕吐、皮炎、贫血 鸡表现生长缓慢、口腔炎、羽毛不丰满，雏火鸡发生附关节扩张；牛羊瘤胃能合成，小牛喂低色氨酸饲料易发生此病
	维生素 B_6（吡哆醇、吡哆醛、吡哆胺）	与蛋白质代谢的酶系统相联系，也参与碳水化合物和脂肪的代谢，涉及体内 50 多种酶，对肉用动物的意义重要	猪表现食欲差、生长慢、贫血、抽搐、痉挛、神经退化、腹泻、肝脂肪浸润等。 鸡表现异常兴奋、癫狂、运动异常痉挛等。
	维生素 B_7（生物素、VH）	常与赖氨酸或蛋白质结合，以辅酶形式参与碳水化合物、脂肪和蛋白质代谢	猪：后腿痉挛、足裂和干燥、粗糙、皮炎 禽：脚、喙及眼周皮炎，胫骨粗短症，生长迟缓，肌软弱
	维生素 B_{11}（叶酸、BC、蝶酰谷氨酸）	参与嘌呤、嘧啶、胆碱的合成和某些氨基酸的代谢，维持免疫系统功能的必需	可使嘌呤和嘧啶核酸合成不足，巨红细胞贫血，鸡对叶酸有节约胆碱的功效，铁不足易引起叶酸的缺乏
	维生素 B_{12}（氰钴胺素、钴胺素）	以辅酶的形式参与多种代谢活动，促进红细胞的形成和维护神经系统的完整	生长受阻，步态异常不稳，猪繁殖受影响，鸡孵化率低，雏骨异常似粗骨症，小牛生长停止，食欲不佳，动作不协调，恶性贫血

续表 4-3

维生素种类		主要生理功能	缺乏的主要临床表现
水溶性维生素	维生素 C(抗坏血酸)	广泛参与机体多种生化反应,参与胶原蛋白质合成,细胞内电子转移,氨基酸的氧化反应,肠内铁离子吸收和在体内运转,减轻体内金属离子毒性,抑制致癌物,参与肾上腺皮质类固醇的合成等,抗应激,增强免疫力	缺乏可引起特异性的精子凝集,影响维生素 B_{11} 和维生素 B_{12} 效果。导致贫血,生长受阻。骨畸形。鱼表皮出血

二、驴常用饲料的种类及营养特性

根据我国饲料分类法,将驴的饲料(包括饲草、饲料)也归为 8 大类(16 个亚类)。即粗饲料、青绿饲料、青贮饲料、能量饲料、蛋白质饲料、矿物质饲料、维生素饲料、添加剂饲料。

(一)粗 饲 料

1. 粗饲料的营养特点

(1)粗饲料是自然含水量小于 45%,粗纤维含量大于或等于 18%的一类相对单位重量小、体积大,粗纤维含量高达 25%~50%的饲料。如青干草含粗纤维 25%~30%,玉米秸秆含粗纤维在 25%~30%。粗饲料中的有机物消化率在 70%以下,不易被消化,适口性差。

(2)粗饲料中含蛋白质很少,而且品质不佳。其中豆科干草含粗蛋白质 10%~19%,而苜蓿草除外;禾本科干草含粗蛋白质为 6%~10%,禾本科秸秆、秕壳仅为 3%~5%,其中蛋白质很难消化。

(3)粗饲料中粗灰分多,含钙高,磷含量低。豆科干草和秸秆含钙为1.5%左右,禾本科干草和秸秆含钙仅为0.2%～0.4%,各种粗饲料含磷量仅为0.1%～0.3%,其中秸秆含磷低于0.1%以下。

优质干草含维生素D和胡萝卜素较丰富。各种秸秆和秕壳不含胡萝卜素和B族维生素。

2. 粗饲料的加工调制　粗饲料的加工调制处理可以改变原来的理化特性,提高它的适口性和营养价值及利用价值。秸秆类粗饲料的加工调制方法分为3类:即物理(机械)处理、化学处理和微生物处理。

(1)物理(机械)处理　一是将秸秆切成2～3厘米小段直接喂驴;二是将秸秆或干草粉碎制粒;三是将秸秆用盐浸湿软化;四是使用揉搓机将秸秆搓成丝条状喂驴。

(2)化学处理　主要是碱化和氨化法。

(3)微生物处理　可使用发酵菌株。

(二)青绿饲料

青绿饲料是自然含水量大于60%(包括60%)的新鲜饲料、牧草、天然野牧草,农牧区栽培的植物茎叶、块根茎、瓜果类多汁饲料都属于青绿饲料。

1. 青绿饲料的营养特点

①含营养成分比较多,优质的青绿多汁饲料含有丰富的蛋白质、维生素和矿物质。禾本科与蔬菜类饲料、粗蛋白质含量为1.5%～3%,豆科青饲料为3.2%～4.4%,以干物质计算,前者为13%～15%,后者可达18%～24%,后者可以完全满足驴的任何生理状态下对蛋白质的需要,其蛋白质为优质蛋白,氨基酸比较全面,还含有多种维生素,特别是胡萝卜素。B族维生素含量也比较多,但维生素D缺乏。钙、磷含量比较适当,豆科牧草含钙更多,尤其苜蓿草含量高于玉米、高粱等很多倍。所以,营养丰富,易被驴吸收。

②水分含量高占75%～90%，含能量低，消化能为1.2～2.5兆焦/千克，粗纤维含量低。

③适口性好、易消化，畜禽均喜欢吃，消化率高。

④来源广、产量高、荒山草坡均可放牧和刈割，而且产草量高，尤其苜蓿草可667米^{2}产5000千克以上。

2. 青绿饲料的调制加工 夏、秋季节，可边放牧边刈割青草或青绿作物秸秆铡碎后与其他干草、秸秆掺混喂。同时还可将收割的青草和青绿秸秆制成干草和青贮。要抓好适宜的收割和调制时机。

(三)青贮饲料

青贮饲料是把青绿新鲜饲料如青草、青玉米秸等，密封贮在青贮室、青贮窖(壕)或青贮塔中，不破坏营养，经发酵后酸香适口，是养驴在冬季最好的饲料，应用很广。

青贮饲料能保存营养不破坏，营养损失少，干物质损失0～5%，可消化粗蛋白质仅损失5%～12%，特别是胡萝卜素的保存率最高。我国北方地区冬春季节喂青贮饲料可加长青饲时间，做到四季青饲均衡。青贮饲料适口性好，易消化，营养丰富，调制方便，耐久贮，取用方便。

(四)能量饲料

能量饲料自然含水量低于45%，是指干物质中粗纤维含量低于18%，粗蛋白质含量低于20%的饲料。每千克饲料干物质中含代谢能13.4～13.6兆焦/千克，包括谷实类、糠麸类、草籽、树实类、淀粉质的块根块茎类、瓜果类饲料。

1. 能量饲料的营养特点

①谷实类子实中以无氮浸出物(主要是淀粉类)为主，含能量高。水分低，干物质占70%～80%；粗纤维含量低，一般占6%以下；蛋白质含量较少，在8%～11%，品质不高；脂肪含量少，占2%～5%，主要是不饱和脂肪酸；钙含量少，有机磷含量多，不易吸

收。富含维生素 B_1、维生素 E。所有禾本科子实饲料中除玉米外,皆缺乏维生素 D 和胡萝卜素。氨基酸组成不平衡,缺乏色氨酸和赖氨酸。

禾本科子实加工副产物,包括:米糠、麦麸、玉米皮等。糠麸类无氮浸出物比谷实类少,占 40%~60%,粗蛋白质含量与质量比谷实类高,含量为 10%~17%,粗纤维比谷实类多,占 10%左右,粗脂肪含量高,可达 13.1%左右,磷含量较多,占 1%以上,多以植酸磷形式存在,不易被吸收利用。钙仅含 0.1%左右,含硫胺素、烟酸和泛酸较多。它质地疏松,有轻泻通便作用,但喂幼驹会导致腹泻。

②能量饲料的适口性好,易消化,粗纤维少。

2. 能量饲料的调制加工

(1)粉碎、压扁　通过加工后,采食易被消化酶和微生物作用,提高饲料的消化率,促进增重。

(2)湿润　经粉碎、压制后的饲料,在喂前应湿润一下,以防料中粉尘过多,影响采食和消化;且可防止粉尘吸入呼吸道而得病。

(3)发芽　禾本科谷类子实饲料大多缺乏维生素,但经发芽后成为良好的维生素补充饲料。芽长在 0.5~1 厘米时富含 B 族维生素和维生素 E;芽长在 6~8 厘米时,富含胡萝卜素,同时还有维生素 B_2 和维生素 C 等。大麦、谷子、青稞、燕麦均可作发芽饲料用。

(4)制粒　对配合饲料进行压制成颗粒饲料,这样消化吸收好,免去浪费饲料,可以直接喂驴。

(五)蛋白质饲料

是指饲料干物质中粗纤维含量低于 18%,粗蛋白质含量高于或者等于 20%的饲料。蛋白质饲料又分为植物性蛋白质饲料[如豆饼(粕),棉籽饼(粕),花生和菜籽饼(粕)等]和动物性蛋白质饲料(如鱼粉、肉骨粉、蚕蛹粉、血粉等)。单细胞蛋白质饲料(包括酵母、真菌、细菌和一些单细胞藻类等)以及合成氨基酸饲料(目前应用赖氨酸、蛋氨酸及蛋氨酸羟基类似物等)。

1. 蛋白质饲料的营养特点

①易消化物质较多,粗纤维含量低,蛋白质含量丰富,品质好,氨基酸组成全面。

②豆科子实脂肪含量不高,无氮浸出物与粗纤维含量低于禾本科子实,饼粕饲料随着加工方法的不同,差异较大,其无氮浸出物含量少。

③豆科子实及饼粕类含有抗营养因子,使用前应注意处理后再喂饲。

2. 蛋白质饲料的调制加工 豆科蛋白质饲料在喂前必须经过加工处理,使之提高消化率和营养价值,所采取的办法是进行焙炒、烘烤、破碎和压扁、浸泡、膨化等办法处理。

对于大豆及饼粕必须经加温熟化后才可以饲喂。对于棉籽粕必须进行脱毒以后方可使用。经过水煮加温、加铁盐等方法进行脱毒。

(六)矿物质饲料

矿物质饲料包括天然和化工合成的产品,如食盐、石粉、磷酸氢钙、氯化钾、硫磺、氧化镁等,这些都是常量元素,钙、磷、钠、钾、硫、镁、氯元素的原料,以及铜、铁、镍、锰的硫酸盐、碘化钾、亚硝酸钠、氯化钴等是提供各种相应的微量元素的原料。

1. 矿物质饲料的营养特点

①在配合饲料中添加量(比例)很小,尤其是微量元素,用量极小,如硒、碘、钴等。

②有的微量元素和营养需要量与中毒剂量相差很小,多了中毒,少了出现缺乏症。需精心调配。

③用量比例虽小,但作用特别大。

2. 矿物质饲料的调制加工 矿物质饲料在用前(配料前)要注意各种矿物质元素间的拮抗和协同关系,注意之间的比例关系,如钙、磷比例为1～2∶1,食盐添加量应占精料的1%,每头驴每日喂20～30克即可。

对于微量元素必须在用前将其原料稀释后到安全量时再用，一般像亚硒酸钠要稀释成1%后，再按需要量去添加(需多次稀释)，否则混合不匀，容易出问题。在选择载体时，也要选择比重相近、稳定性好的无机物，如沸石等。

(七)维生素饲料

维生素饲料是指以提供动物各种维生素为目的的一类饲料。包括化学合成、生物工程生产或由动、植物原料提纯精制而成的各种维生素制品。

在用前，要将各种维生素按不同驴种的不同需要量进行配方设计，形成单一或复合维生素添加剂后，与饲粮经多次混匀配合成混合精料，再与一定比例的粗饲料混合喂驴。

1. 维生素饲料的营养特点　用量小，作用大，是动物健康所必需的物质，缺乏会引起疾病、生理失调，给生产造成严重损失。

2. 维生素饲料的加工调制　维生素饲料用前必须配成复合维生素添加剂，在混合前一定要进行多次稀释，使其充分混合均匀(同微量元素一样)，使其均匀度符合技术要求。

(八)添加剂饲料

添加剂饲料是为了满足驴的营养需要，强化饲料的饲养效果，完善日粮的全价性，提高畜产品品质，促生长，预防疾病，增加日粮的适口性，提高驴的食欲和保证饲料的质量。可分为营养性添加剂(如氨基酸、微量元素、维生素等)和非营养性添加剂(如防霉剂、抗氧化剂、保健剂、黏合剂、分散剂、着色剂、调味剂、促生长剂、杀虫剂、酶制剂等)。我国现在已把一部分中药作为添加剂应用于饲料中。

三、驴饲料的调制

各种不同饲料所含的营养在数量、种类和特性方面也不同。驴采食后消化、利用率上也各不相同。为了充分利用各种饲料，必须对饲料进行科学调制和加工，使其适口性增加，消化利用率提高。经过各种饲料的合理搭配，增加营养互补，减少拮抗，去除饲料中有毒和抗营养因子，使驴在营养需要上充分得到满足，增强健康，减少疾病，充分发挥生产性能，增加经济效益。驴为草食家畜，以草为主，但应适当应用精料补充料。目前，对养驴用饲料基本采用秸秆的机械处理，将秸秆铡成2～3厘米小段或使用揉搓机将秸秆揉成丝状，也可粉碎制成颗粒喂驴。还有化学处理和微生物处理等方法。

(一)稻草或麦秸的碱化处理

1. 浸泡处理秸秆 将稻草或麦秸铡短，先放入水池(或木槽)中，再把3%熟石灰水或1%生石灰水倒入池(或槽)中，每100千克秸秆配300千克石灰水，即1∶3的比例，使草浸透、压实，经1昼夜后秸秆变黄，捞出后沥去石灰水饲喂，最好当天喂完，放置过久易腐败。池里的石灰水可连续使用，但每100千克石灰水需再添加0.5千克石灰，当水变成褐色而有不良气味时，需重新更换石灰水。

2. 喷雾处理秸秆 用8%～12%氢氧化钠液，以氢氧化钠占处理秸秆物重4%～5%的量，均匀喷人，经1周(至少3天)，待碱度降低后，再进行饲喂驴。另一方法是浸泡秸秆，用1.5%～2.5%氢氧化钠液浸泡秸秆12小时，取出用水冲掉碱液再喂驴。本方法以后又改为用1.5%氢氧化钠溶液浸泡秸秆1小时，取出沥干后再进行"熟化"3～6天，使碱被自然中和后再用于喂驴。

(二)秸秆的氨化处理

用含氨量15%的农用氨水处理秸秆(稻草、麦秸)。方法是每100千克秸秆用10千克氨水，均匀喷洒在秸秆中，分层喷洒，逐层堆放，最后用塑料薄膜(无菌塑料)封严。也可用3千克尿素溶解在60升水中，均匀地喷洒在100千克秸秆上，逐层喷洒，逐层堆放，最后压实，用塑料膜封严。气温在15℃～30℃时经1～2周，天气冷时经 3～4 周即可饲用，喂前揭开薄膜晾 1～2 天，使氨味挥发掉再喂用。

近年来对粗饲料的处理方法较多，如秸秆微贮、秸秆的热喷技术等效果都很好。

处理的秸秆要注意它的品质。主要是用眼睛看：其色为黄褐色为正常，如果有霉变灰黑色，则为劣质霉变，不能饲用。用鼻子嗅：若有腐臭霉烂味则不可饲用。用手摸：有黏性，互相粘连成团，不能用于饲喂。如果手感松软、湿润的饲草，则为正常可用的饲草。驴是单胃草食动物，氨化处理一定要注意氨的含量不能超标，否则影响胃内 pH 值，影响消化。一定想办法把处理秸秆内的氨（或碱）除掉才能保证安全饲喂。

（三）青贮饲料的调制

青贮是一种经济实惠的保存青绿秸秆、青草及多汁饲料的方式。特别是在我国北方可以很好调整饲草供应期（冬、春季）。它不破坏饲草营养，牲畜爱吃，适口性好。在农区可利用玉米秸、高粱秸、麦秸及青草等。在农村一般多用青贮窖（圆形或方形），在地下水位低的地方可建造地下式青贮窖，地下水位高的地方可建造非地下式或地上窖。

1. 圆形、方形青贮窖　圆形窖的直径为 2～4 米、深 3～5 米，上下要垂直。方形窖宽为 1.5～3 米、深 2.5～4 米，长度根据需要而定，长度超过 5 米以上时，每隔 4 米砌一横墙，以加固窖壁，可用砖石结构，窖壁用水泥抹光滑，窖底用砖铺地面，不抹水泥灰，以便多余水分向地下渗漏。具体用多大规格的青贮窖，可根据需要量而定其容积。每立方米的容积可装玉米秸青贮原料 450 千克左右。

2. 青贮的制作　制作青贮，一是要求有适当的水分，含水量在 68%～75%，要逐层压实，防止透气，如果水分过大可加一些干饲料；水分不足时，可以适当加一些含水量高的原料。二是充足的含糖量，一般青贮原料含糖量应不低于鲜重的 1%，禾本科作物秸秆含糖量不会低于 1%。豆科作物含糖量少，蛋白质含量高，应搭配一些含糖多的饲料原料。三是要造成厌氧环境,所以装填窖时要压实,排除空气,窖顶封严,防止透气漏水。四是需一定温度,青贮最适宜温度为 25℃～30℃,在正常情况下,只要踩实、压紧,厌氧条件形成后,窖温可在正常温度范围内,不用另加温。

青贮是一项集中突击性的工作。使用人力与机械,一次性连续完成。贮前要将青贮窖、青贮切碎机准备好,并组织好劳力,尽可能在短时间内突击完成。要做到随割、随运、随切(割),边装窖边压实,装满即封。靠窖壁踩实压紧,窖顶封严,防止透气漏进雨水。下面为青贮工作的流程。

(1)刈割、运输　要注意刈割原料的时期,禾本科在抽穗期刈割。玉米在开花期刈割,玉米穗收获后要及时收割。

(2)切碎　切碎要根据饲草的种类掌握切碎的长度。禾本科牧草及一些豆科牧草,茎秆柔软,切碎长度为 3～4 厘米。粗硬的秸秆饲料切的长度为 1～3 厘米。

(3)装贮　装贮饲料要边贮边压实,然后再装一层,直至装满窖,每层厚度为 30～50 厘米。在装贮过程中,要注意青贮原料靠窖壁要踩压实。大型青贮窖用链轨拖拉机镇压,要有专人踩边,排除原料空隙中的空气。装满窖后,顶部必须装成馒头形,要高于窖沿 1 米左右,以防饲料下沉造成凹陷裂缝,雨水流进窖内。禾本科与豆科原料混贮时,要注意掺混均匀。

(4)封窖　(有两种方法)一是用塑料薄膜封顶,即用双层无毒塑料薄膜覆盖窖顶,四周压严,上面覆压整捆稻草和其他重物即可。二是用土封顶,即在饲料上面覆盖 10 厘米厚的干草(压实的厚度),再压 30 厘米厚的土即可。无论采取哪种方法,都一定要压紧压实,达到密封的要求,要经常检查窖顶是否有裂缝透气,及时处理。

(5)开窖取用　封窖后 40 天左右即可开窖饲用,开窖裸露面不要太大,根据需要而定,裸露面太大易见风坏料。最好现取现用,不要过夜。另外,开窖后,窖口处霉烂饲料要清除,不能饲喂家畜。窖口的饲料不能日晒和雨淋,以防变质。切忌翻动窖贮的饲料,透气会变质坏料。

3. 青贮饲料的品质

(1)青贮的采样　应按采样要求选取不同层次、不同种的饲料,不能用手抓取,采样的部位一定要封严,防止腐料。另外一种方法是在制作青贮饲料时,将搅拌的原料装入备好的1/3米见方的布口袋内,放在窖中央深60厘米的位置,开窖后,将小口袋取出作样即可。

(2)青贮饲料品质的判定

①气味判定　具有酒香味,酸而不刺鼻,手摸后易洗掉。没有腐臭气味,即可以饲喂。

②颜色判定　优质料为青绿色或黄褐色,总的说是颜色越接近贮前原料的颜色越好。

③性状的判定　优质的青贮饲料,压得非常紧实,但拿到手上又很松散、质软、湿润,茎叶多保持原来形色。如果黏成一团,像烂泥样,则为劣质,不可用。

④实验室鉴定　pH值为衡量青贮饲料的重要指标之一。优质的青贮饲料pH值为4.2以下,超4.2(半干青贮除外)说明青贮在发酵过程中腐败菌、酪酸菌活动强烈。pH值大于5则为劣质。

4. 取料与饲喂

(1)防止二次发酵　青贮饲料封窖后经过30～40天,就可以完成发酵过程,开窖使用。圆形窖顶覆盖的泥土全部揭开,堆于窖口四周。窖四周30厘米内不能堆放泥土,必须将窖口打扫干净。长方形窖应从窖口一端挖开1～1.2米长,清除泥土和表层发霉变质的饲料,从上到下,一层层取用。为防止开窖后饲料暴露在空气中,杂菌活动引起发霉变质(即二次发酵),应注意以下几点:一是每天取用饲料的厚度不少于20厘米,要一层层取用,切不可挖坑和翻动青贮饲料。二是取料后要立即用塑料薄膜封盖严实,盖严窖口,防止尘土落入窖内。气温高易引起二次发酵。所以,质量中等和下等的青贮饲料要在气温20℃以下时喂完。三是防止二次发酵的措施是使饲料中水分含量在70%左右,糖含量高,乳酸量充足,踩压紧实。每立方米青贮饲料重量在450千克左右。所以,小型窖因踩压不实易引起二次发酵。

(2)青贮饲料的喂用方法　因为青贮饲料味香、酸甜，适口性好，驴喜食。饲喂时应从少量逐渐增加。饲喂青贮饲料不可间断，以免窖内饲料腐烂变质，驴经常变换饲料易引起消化不良，使生产不稳定。

我国北方地区冬、春季喂青贮饲料时要随取随喂，不能隔夜，防止青贮饲料挂霜或冰冻喂驴。要先喂青贮饲料后，再喂干草和精料补充料。冬季寒冷，青贮饲料含水量大，不能大量单独用它喂驴，每头每天喂量应不超过 5 千克即可，并且要与其他干草、精料补充料搭配喂养。如发现不适或腹泻现象，需减量或停喂，待恢复正常后再继续喂用。

(四)发　芽

大麦、燕麦经发芽后，糖分、维生素、酶类增多，可作为冬季的青绿饲料用。待麦芽生长成绿色，有清香味和微甜味时，即可饲喂。喂量要逐渐增加，对妊娠母驴和种用公驴最适宜，母驴每日可喂 0.5 千克、公驴每日可喂 1 千克左右。

(五)干草的调制

干草是舍饲养驴的重要材料，制备大量的优质干草，以保证全年饲料的均衡供应，是稳步发展养驴业的重要措施。处理方法就是将水分迅速干燥，到能够堆贮，其含水量不得超过 14%～17%，否则容易霉变腐烂。过分干燥的干草，其叶片易碎落，使养分损失。干草大部分采取晾晒的方法，当水分迅速减少到 50%～55%时，将其搂成长形小堆，减少暴晒面积；当水分降至 20%～25%时，再并成大堆，继续干燥，这时可以上架干燥，要防雨淋。

禾本科干草要在抽穗期或开花期选择晴天、早露消失后收割，割后铺在地上暴晒。当草干枯时，搂成草趟子，继续风干，连晒1～2 天，再堆成小堆，待半干时搂成大堆，至干燥后成堆保存，贮存水分不高于 15%，要防雨淋和发霉。

苜蓿干草，要在孕蕾期、初花期选择3～5天晴天收割，割后搂成趟或小堆。第二天露水消失后摊成30厘米厚，每晒2～3小时翻动1次，傍晚再堆成大堆，第三天继续翻晒，至干燥后含水量不应高于15%，堆垛保存。优质的干草呈黄绿色，味清香，叶片保存得多，质地柔软。

（六）精料补充料（谷实、饼粕类）的调制

为了提高谷实、饼粕类饲料的消化（利用）率，一般采取对谷实、饼粕类饲料进行粉碎、压扁和膨化等机械处理。谷实、饼粕类饲料中均不同程度地含有抗营养因子，对动物体产生毒害作用。使营养物质利用率降低，驴生长缓慢，影响身体健康，必须加以处理（包括化学和生物处理），谷实、饼粕类饲料中的抗营养因子见表4-4。

表4-4　谷实、饼粕类饲料中的抗营养因子

抗营养因子	分　布	主要作用	脱毒调制措施
蛋白酶抑制剂	大多数豆科子实	影响生长、降低胰蛋白酶、糜蛋白酶活性，增加胰酶分泌、胰腺肥大（鸡）	膨化加工或加温100℃
外源凝集素	大多数豆科子实	肠壁损害，免疫反应，增加内原蛋白分泌，影响生长	膨化加工或加温100℃
抗原蛋白	大多数豆科子实	干扰肠壁完整性，免疫反应	膨化加工、加温
植酸磷	大多数豆科饼粕、菜籽饼粕	干扰矿物质元素生物有效性，形成蛋白质复合物	加植酸酶
单　宁	豆科及其饼粕等，部分禾本科、菜籽饼粕等	影响蛋白质、碳水化合物的消化与利用，影响适口性	

续表 4-4

抗营养因子	分　布	主要作用	脱毒调制措施
蚕豆或伴蚕豆嘧啶核苷	蚕豆	溶解性贫血、干扰繁殖率、影响鸡产蛋量	
致甲状腺肿素	菜籽及其饼粕等	影响碘利用，影响适口性和生长，致甲状腺肿大	加碘剂
游离棉酚	棉籽及其饼粕	影响赖氨酸、矿物质元素有效性	膨化、加硫酸亚铁和石灰
生物碱	羽扇豆等	降低适口性，影响生长	
硫苷(羟基硫苷)	菜籽及其饼粕	可产生异硫氰酸脂、噁唑烷硫酮等毒物引起动物甲状腺肿大、缺碘，造成肝、肾损伤及中毒死亡	采取热蒸汽，温度105℃～110℃，进行喷气钝化。微生物发酵脱毒法等
蓖麻毒蛋白、血细胞凝集素、蓖麻碱等	蓖麻籽及其饼粕	毒物侵害肾、肝和消化道，粪尿排血	煮沸、热喷、膨化

四、驴的饲料质量要求

饲料卫生标准规定在饲料中有害物及微生物的允许量见表4-5、表4-6。只有按照国家规定的饲料卫生标准，选用和调制驴的配合饲料及饲料原料，才能保证驴的无公害养殖，保护生态环境的人、畜安全。

表 4-5　饲料中有害物质允许量

项　　目	适用范围	允许量（毫克/千克）
砷(以 As 计)	鱼　粉	≤10
	石　粉	≤2
	磷酸盐	≤10
铅(以 Pb 计)	鱼　粉	≤10
	石　粉	≤10
	磷酸盐	≤30
汞(以 Hg 计)	鱼　粉	≤0.5
	石　粉	≤0.1
镉(以 Cd 计)	米　糠	≤1
	鱼　粉	≤2
	石　粉	≤0.75
氟(以 F 计)	鱼　粉	≤500
	石　粉	≤2000
	磷酸盐	≤1800
氰化物(以 HCN 计)	木薯干	≤100
	胡麻饼、粕	≤350
亚硝酸盐(以 $NaNO_2$ 计)	鱼粉	≤60
黄曲霉毒素 B_1	玉　米	≤0.05
	花生饼粕	≤0.05
游离棉酚	棉籽饼粕	≤1200
异硫氰酸酯(以丙烯基异硫氰酸酯计)	菜籽饼粕	≤4000

续表 4-5

项　目	适用范围	允许量（毫克/千克）
六六六	米　糠	≤0.05
	小麦麸	≤0.05
	大豆饼粕	≤0.05
	鱼　粉	≤0.05
滴滴涕	米　糠	≤0.02
	小麦麸	≤0.02
	大豆饼粕	≤0.02
	鱼　粉	≤0.02

表 4-6　饲料中微生物允许量

项　目	适用范围	允许量	备　注
沙门氏杆菌	饲　料	不得检出	
霉菌总数（10^3 个/克）	玉　米	≤40	限量饲用：40～100 禁用：>100
	米　糠	≤40	限量饲用：40～80 禁用：>80
	小麦麸	≤40	限量饲用：40～80 禁用：>80
	棉籽饼粕	≤50	限量饲用：50～100 禁用：>100
细菌总数（10^6 个/克）	鱼　粉	≤2	限量饲用：2～5 禁用：>5

五、驴的营养需要与饲养标准

(一)营养需要

驴的营养需要是指每头驴每天在生活、生长、繁殖和生产过程中,对营养物质需要的数量而言,一般是指每头驴每天需要的能量、蛋白质、矿物质和维生素等营养指标的数量。可分为维持营养需要和生产营养需要两部分。

维持营养需要,是指驴在不生产乳、肉,又不从事劳役的情况下,保持机体健康和体重不变所供给的能量、蛋白质、矿物质和维生素等营养的最低量。这种需要仅维持驴生命活动中基本的代谢,即弥补代谢损失,满足驴必要的活动。

生产营养需要,是指生长、繁殖、增重(产肉、产奶)、使役等的营养(包括:能量、蛋白质、矿物质和维生素)需要。在驴的生长过程中的不同阶段体组织的增长,营养物质在体内的沉积亦随驴的年龄、性别、体重及肥育程度等因素而变化。因此,也直接影响驴的生产性能。所以,要提高驴的生产性能,也应随上述不同情况,在不同的生长阶段提供不同数量的营养需要量,使驴在营养需要上得到满足。在一定限度内喂给驴的饲料营养超过维持需要的部分越多,其生产效果就越好。当喂给的饲料不能满足生产需要时只能消耗自身营养来维持生产的营养需要,而使驴膘下降,身体消瘦。所以,生产的营养需要,通常是按生产目的和生产水平分别计算而定的,如驴的配种、妊娠、哺乳、肥育期和使役强度等分别计算来确定营养需要。饲养标准规定的营养数量是驴的最低需要量附加安全系数后的计算值,即所谓的营养供给量。它是高于营养需要量的。

(二)饲养标准

饲养标准是动物营养专家根据科学试验、先进科技成果和经验总结,制定的不同畜种、性别、年龄、体重、生理状态和生产性能的家畜(驴)每头每日能量和各种营养物质的数量定额,并经审定后,国家权威机构向外界颁布发行。饲养标准是科学饲养的依据。在应用时也要因地制宜,进行适当调整,把握裕量。

目前,在国内外饲养学界,还没有见到为驴制定出专用的饲养标准。根据驴采食慢、咀嚼细、采食量小,对饲料能量吸收率、消化率分别比马高 20%、10%的特点,参考美国国家科委(NRC)1978年公布的家马和小型马的饲养标准,分别降低 20%～10%作为我国 200 千克左右的中型驴的饲养参考标准,见表 4-6 和表 4-7。

表 4-6　生长期的驴,成年体重 200 千克营养需要量

体重(千克)	每日采食量干物质			每千克日粮干物质中含量或百分率							
	每匹(千克)	占体重(%)	消化能(兆焦)	TDN(%)	粗蛋白质(%)	可消化粗蛋白(%)	钙(%)	磷(%)	胡萝卜素(毫克)	维生素A(IU)	日增重(千克)
50(3月龄)	2.94	5.9	11.51	62.4	17.9	13.0	0.59	0.37	1.70	680	0.70
90(6月龄)	3.10	3.4	11.51	62.4	14.9	10.2	0.53	0.34	2.90	1160	0.50
135(12月龄)	2.89	2.1	11.51	62.4	11.7	7.1	0.41	0.25	4.68	1870	0.20
200(42月龄)	3.00	1.5	11.51	62.4	10.0	5.3	0.29	0.20	4.18	1670	0

注:摘自汤逸人编《英汉畜牧科技词典》。

表 4-7　成年驴体重 200 千克驴的营养需要

项　　目	体　重（千克）	日增重（千克）	日干物质采食量（千克）	消化能（兆焦）	可消化粗蛋白质（克）	钙（克）	磷（克）	胡萝卜素（毫克）
成年驴维持需要	200	—	3.0	27.63	112.0	7.2	4.8	10.0
母驴妊娠 90 天	—	0.27	3.0	30.89	160.0	11.2	7.2	20.0
母驴泌乳前 3 个月	—	—	4.2	48.81	432.0	19.2	12.8	26.0
母驴泌乳后 3 个月	—	—	4.0	43.49	272.0	16.0	10.4	22.0
驴驹(哺乳)3 月龄	60	0.7	1.8	24.61	304.0	14.4	8.8	4.8
除母乳外需要	—	—	1.0	12.52	160.0	8.0	5.6	7.6
断奶驹（6 个月）	—	0.5	2.3	29.47	248.0	15.2	11.2	11.0
1 岁	140	0.2	2.4	27.29	160.0	9.6	7.2	12.4
1.5 岁	170	0.1	2.5	27.13	136.0	8.8	5.6	11.0
2 岁	185	0.05	2.6	27.13	120.0	8.8	5.6	12.4
成年驴轻役	200	—	3.4	34.95	112.0	7.2	4.8	10.0
成年驴中役	200	—	3.4	44.08	112.0	7.2	4.8	10.0
成年驴重役	200	—	3.4	53.16	112.0	7.2	4.8	10.0

注：①每头每天 15～20 克食盐。②本表引自侯文通、侯宝申编著《驴的养殖与肉用》。

六、驴的日粮配合

日粮是指一头驴1昼夜所采食的各种饲料的总量，根据饲养标准和饲料营养价值表，选取多种饲料，按一定比例相互搭配而成日粮。要求日粮中含有的能量、蛋白质等各种营养物质的数量及比例能够满足一定生长和体重阶段预定增重结果的需要量，这就叫全价日粮或平衡日粮。

(一)配合日粮的原则

配合日粮要以遵循科学、实用、经济、环保和安全为原则。

第一，要以饲养标准为基础，结合实际，灵活运用，适当调整。

第二，日粮配合要符合驴的消化生理特点，以粗为主，适当运用或搭配精料，根据不同生产、生理需要，配以适宜的营养，以满足营养需要，保证健康。

第三，因地制宜，就地取材，根据当地资源情况来选用饲料，充分利用农副产品，降低或减少生产成本。

第四，饲料搭配要多样化，使各种饲料间营养互补，提高利用效率。

第五，饲料种类要保持相对的稳定性，避免突然或经常变换饲料原料，引起消化疾病。

第六，日粮的适口性和消化率要保证，即使驴爱吃，又有充分的营养得到满足，以提高生产效益。

第七，选择饲料原料注意安全，防止饲料发霉变质或被污染的有毒饲料原料。

(二)日粮配合方法

根据不同的性别、年龄、体重、肥育程度和生理阶段驴的营养需要，将不同种类和数量的饲料，依所含营养成分加以科学、合理搭配，配成1昼夜所需的各种精、粗和青饲料的日粮。根据表4-6和表4-7确定驴的草料喂量，再根据表4-8控制粗饲料的比例。要求驴的日粮既能满足驴的营养需要，又能使驴吃得饱。

表4-8 驴以90%干物质为基础的日粮养分组成

项目	粗饲料占日粮(%)	每千克日粮含消化能(兆焦)	可消化粗蛋白质(%)	钙(%)	磷(%)	胡萝卜素(毫克)
成年驴维持日粮	90～100	8.37	7.7	0.27	0.18	3.7
妊娠末90天母驴日粮	65～75	11.51	10.0	0.45	0.30	7.5
泌乳前3个月母驴日粮	45～55	10.88	12.5	0.45	0.30	6.3
泌乳后3个月母驴日粮	60～70	9.63	11.0	0.40	0.25	5.5
幼驹补料	—	13.19	16.0	0.80	0.55	—
3月龄驴驹补料	20～25	12.14	16.0	0.80	0.55	4.5
6月龄断奶驴驹日粮	30～35	11.72	14.5	0.60	0.45	4.5
1岁驴驹日粮	45～55	10.88	12.0	0.50	0.35	4.5
1.5岁驴驹日粮	60～70	9.63	10.0	0.40	0.30	3.7
轻役成年驴日粮	65～75	9.42	7.7	0.27	0.18	3.7
中役成年驴日粮	40～50	10.88	7.7	0.27	0.18	3.7
重役成年驴日粮	30～35	11.72	7.7	0.27	0.18	3.7

注：①食盐每头每天15～20克。②此表引自侯文通、侯宝申编著《肉驴的养殖与肉用》

草料搭配和日粮组成是否合适，应在饲养实践中检验。要观察驴的采食量、适口性、粪便软硬程度，以及生产性能发挥等。饲喂半个月后，若膘情下降，应及时调整日粮的能量和蛋白质饲料。由于外界寒暑季节不同，温度变化很大，驴的维持需要、采食量和养分的转化率都有很大变化，在调制饲料时要相应地调整饲料配方。现将饲料配方设计做如下说明，仅供参考。

例题：以生长期18个月龄，体重为170千克，日增重为0.1千克的育成驴为例，设计日粮配方，其步骤如下(此配方设计方法亦适用其他不同生理阶段的驴饲料设计)：

1. 选择饲料原料 玉米秸、稻草、玉米、麦麸、豆粕、棉粕、磷酸氢钙、石粉、食盐及添加剂等。

2. 根据驴驹的年龄、体重和日增重 查饲养标准表(表4-7)，获得该驴的饲养标准见表4-9。

表4-9 驴的饲养标准

项目	体重(千克)	日增重(千克)	干物质采食量(千克)	消化能(兆焦)	可消化粗蛋白(克)	粗纤维(克)	钙(克)	磷(克)	胡萝卜素(毫克)
标准	170	0.1	2.8	27.13	136	<200	8.8	5.6	11.0

注：胡萝卜素1毫克=400IU(维生素A)。原标准干物质采食量为2.5千克，编者觉得低，稍上调0.3为2.8千克。

3. 计算饲料标准 驴所需每千克饲料干物质中的营养物质含量见表4-10。

表4-10 驴饲料每千克干物质中的营养含量

消化能DE(兆焦)	可消化粗蛋白质(克)	粗纤维(克)	钙(克)	磷(克)	胡萝卜素(毫克)
9.7 (27.13/2.8)	48.57 (136/2.8)	<71.4 (200/2.8)	3.14 (8.8/2.8)	2 (5.6/2.8)	3.93 (11.0/2.8)

4. 查所选各种饲料原料中的营养物质含量 从表4-11查得。

表 4-11　驴(骡)常用饲料及其营养价值表　(1 千克饲料内含有量)

饲　料	干物质	消化能	可消化粗蛋白质		钙		磷		胡萝卜素
	(%)	(兆焦)	(%)	(克)	(%)	(克)	(%)	(克)	(毫克)
青绿多汁饲料									
苜　蓿	25.9	2.22	4.5	44.85	0.40	4.40	0.10	1.00	70.7
野青草	23.0	2.01	0.1	9.00	0.01	0.10	0.12	1.20	35.0
地瓜秧	22.1	0.88	0.6	6.00	0.17	1.70	0.05	0.47	10.2
草木樨	25.9	1.88	2.9	29.00	0.30	3.00	0.08	0.80	65.0
胡萝卜	12.9	1.55	0.3	3.00	0.11	1.10	0.05	0.45	40.8
马铃薯	25.0	3.43	1.7	17.00	0.04	0.36	0.01	0.13	0.1
玉米青贮	24.1	2.76	1.2	12.04	0.15	1.50	0.05	0.50	15.0
杂草青贮	23.0	1.76	2.0	20.00	0.16	1.60	0.04	0.40	10.0
粗饲料									
苜蓿干草	91.1	5.57	12.7	127.26	1.70	17.40	0.22	2.20	45.0
野青草	90.0	4.23	1.3	13.42	0.50	5.40	0.14	1.45	22.0
花生秧	86.5	6.99	6.9	69.12	1.70	17.20	0.70	6.80	126.6
地瓜秧	86.5	5.40	4.6	46.00	0.30	3.25	0.07	0.73	16.7
玉米秸	85.0	5.00	1.9	19.00	0.80	8.20	0.50	5.00	5.0
谷　草	86.5	4.10	1.2	11.95	0.40	3.50	0.20	1.80	2.0
小麦秸	86.5	2.00	0.3	3.00	0.18	1.80	0.06	0.63	3.0
大麦秸	86.9	2.85	0.3	3.00	0.31	3.11	0.16	1.66	4.0
稻　草	86.5	3.64	1.0	10.00	0.30	3.10	0.10	1.00	3.0
荞麦秸	88.3	6.07	1.5	15.00	0.12	1.24	0.01	0.11	—
燕麦秸	86.5	2.22	0.3	3.00	0.30	3.41	0.07	0.77	4.0
豌豆秸	86.5	3.01	4.3	43.00	1.60	15.90	0.30	3.50	4.0
小麦糠	84.0	4.44	1.40	14.00	0.17	1.70	0.40	4.00	4.0

续表 4-11

饲料	干物质	消化能	可消化粗蛋白质		钙		磷		胡萝卜素
	(%)	(兆焦)	(%)	(克)	(%)	(克)	(%)	(克)	(毫克)
大麦糠	85.5	4.44	0.80	8.00	1.20	12.50	0.24	2.40	1.0
大豆荚皮	86.5	3.89	3.90	38.76	1.80	17.70	0.19	1.90	8.0
豌豆荚皮	86.5	3.64	4.80	48.00	1.00	10.40	0.22	2.20	10.0
谷　糠	86.5	5.19	4.11	41.11	0.30	3.30	0.76	7.60	—
高粱糠	86.5	7.87	1.40	14.23	0.40	3.70	0.68	6.80	—
能量饲料									
粉碎玉米	86.5	14.19	7.30	73.15	0.04	0.40	0.31	3.10	4.7
玉　米	88.4	16.28	6.33	63.30	0.09	0.90	0.24	2.40	4.7
整粒高粱	86.5	11.68	5.70	57.21	0.04	0.40	0.31	3.10	1.0
粉碎高粱	86.5	13.65	6.50	65.83	0.03	0.30	1.1	11.00	0.4
大　麦	89.0	13.10	7.50	75.00	0.12	1.20	0.33	3.30	1.0
燕　麦	90.3	10.97	9.90	99.00	0.14	1.40	0.33	3.30	1.0
麦　麸	86.5	8.87	14.00	140.43	0.13	1.30	1.00	10.07	4.0
玉米糠	86.5	11.89	6.5	65.00	0.08	0.80	0.24	2.40	1.0
蛋白质饲料									
大豆饼	86.5	13.98	38.9	389.87	0.50	4.90	0.78	7.80	0.2
花生饼	90.0	11.55	41.0	410.00	0.20	1.60	0.54	5.40	—
棉籽饼(粕)	90.5	12.43	26.9	269.57	0.30	3.14	0.97	9.74	1.0
大　豆	86.3	14.86	32.7	327.00	0.20	2.00	0.5	5.00	4.0
黑　豆	86.3	15.74	35.3	353.80	0.40	3.60	0.64	6.40	4.0
豌　豆	86.5	14.02	20.3	203.00	0.14	1.40	0.41	4.10	1.0
鱼　粉	84.5	10.97	56.3	563.00	6.10	60.50	3.20	32.00	—
牛　奶	12.5	4.23	3.1	31.00	0.12	1.24	0.09	0.92	70.0

续表 4-11

饲　料	干物质	消化能	可消化粗蛋白质		钙		磷		胡萝卜素
	(%)	(兆焦)	(%)	(克)	(%)	(克)	(%)	(克)	(毫克)
矿物质饲料									
贝壳粉	—	—	—	—	34.76	347.6	0.02	0.2	—
骨　粉	—	—	—	—	31.82	318.2	13.39	133.9	—
磷酸氢钙	风干	—	—	—	23.2	232.0	18.6	186	—
石灰石粉	92.1	—	—	—	33.89	338.9	—	—	—

5. 确定日粮中粗、精饲料的比例，并标出千克干物质中的营养含量

第一步，确定拟配日粮各粗饲料所占比例。根据玉米秸和稻草产地资源和营养方面，稻草所含可消化粗蛋白质和粗纤维含量均比玉米秸差。所以，两者定为：玉米秸∶稻草＝6∶4。并标出千克粗料干物质中的营养含量，拟配日粮粗饲料的营养含量见表 4-12。

表 4-12　拟配日粮粗饲料的营养含量

原料名称	比例(干物质)(%)	消化能(兆焦/千克)	可消化粗蛋白质(克/千克)	粗纤维(克/千克)	钙(克/千克)	磷(克/千克)	胡萝卜素(毫克/千克)
玉米秸	60	3.89	12	166.2	—	—	3
稻　草	40	3.44	3.2	265.2	—	—	1.2
合　计	100	7.33	15.2	431.4	—	—	4.2

第二步，用试差法或线性规划法确定各种精饲料的比例。并标出千克精料中干物质的营养含量，拟配日粮精饲料的营养含量见表 4-13。

表 4-13　拟配日粮精饲料的营养含量

原料名称	干物质（%）	消化能（兆焦/千克）	可消化粗蛋白质（克/千克）	粗纤维（克/千克）	钙（克/千克）	磷（克/千克）
玉　米	57	9.28	36.08	13.11	0.51	1.37
麦　麸	18	2.47	17.46	18.72	0.36	1.58
豆　粕	20	3.68	60.4	11.4	0.76	1.72
棉籽粕	5	0.8	14.5	5.9	0.13	1.10
合　计	100	16.23	128.44	49.13	1.76	5.77

第三步，用上述混合粗料与混合精料来满足该驴的营养标准中所规定的能量浓度，并算出粗、精饲料比例。

设混合粗饲料的配比为 X，则混合精料的配比为 1－X

列方程式：7.33X＋16.23×（1－X）＝9.7（见表 4-10）

7.33X＋16.23－16.23X＝9.7

8.9X＝6.53

X＝0.73（为混合粗料）

1－0.73＝0.27（为混合精料）

一般情况下，育成驴的粗、精料比为（6∶4）～（7∶3），特殊情况下见表 4-8 酌定。本题，就按粗∶精＝7∶3 来计算。

第四步，计算粗饲料、精饲料中各种原料占日粮的比例：

玉米秸：60%×70%＝42%

稻　草：40%×70%＝28%

玉　米：57%×30%＝17.1%

麦　麸：18%×30%＝5.4%

豆　粕：20%×30%＝6%

棉籽粕：5%×30%＝1.5%

第五步，按拟配日粮组成计算每千克干物质（DM）可消化粗蛋白质的浓度：依表可列式 15.2×0.7＋128.44×0.3＝49.17 克

(见表 4-12、4-13),而标准为 48.57 克(见表 4-10),高出标准 0.6 克,可以不必调整。如果高得太多,要调高粗料的比例,来降低可消化蛋白质的含量;如果低于标准,应调高含可消化蛋白质高的饲料比例,来缩小与标准之间的差,使其接近标准。

6. 计算拟配日粮组成和营养物质含量　见表 4-14。

表 4-14　日粮组成、营养物质含量表

原料	干物质比例(%)	干物质采食量(千克)	风干物采食量(千克)	消化能(兆焦)	可消化粗蛋白质(克)	粗纤维(克)	钙(克)	磷(克)
玉米秸	42	1.18 (2.8×0.42)	1.31 (1.18/0.9)	7.65 (6.48×1.18)	23.6 (20×1.18)	326.8 (277×1.18)	—	—
稻草	28	0.78 (2.8×0.28)	0.87 (0.78/0.9)	6.72 (8.61×0.78)	6.24 (8×0.78)	517 (663×0.78)	—	—
玉米	17.1	0.48 (2.8×0.171)	0.54 (0.48/0.884)	7.81 (16.28×0.48)	30.38 (63.3×0.48)	11 (23×0.48)	0.43 (0.9×0.48)	1.15 (2.4×0.48)
麦麸	5.4	0.15 (2.8×0.054)	0.17 (0.15/0.886)	2.06 (13.72×0.15)	14.55 (97×0.15)	15.6 (104×0.15)	0.30 (2×0.15)	1.32 (8.8×0.15)
豆粕	6	0.17 (2.8×0.06)	0.19 (0.17/0.9)	3.13 (18.41×0.17)	51.34 (30.2×0.17)	9.69 (57×0.17)	0.65 (3.8×0.17)	1.46 (8.6×0.17)
棉籽粕	1.5	0.04 (2.8×0.015)	0.05 (0.04/0.883)	0.64 (16.02×0.04)	11.6 (290×0.04)	4.72 (118×0.04)	0.1 (2.6×0.04)	0.91 (22.8×0.04)
合计	100	2.8	3.13	28.01	137.7	884.81	1.48	4.84
标准	—	2.8	—	27.13	136	870.88	8.8	5.6
盈亏	—	—	—	+0.88	+1.7	+13.93	−7.32	−0.76

从表 4-14 可见消化能与标准比较高 0.88 兆焦,可消化粗蛋白质高出 1.7 克,粗纤维高出 1.6%,在实际使用中可以用粗纤维含量低的饲料替换。总的来说,此日粮组成与营养含量(能量、蛋白质)

基本可以满足驴的需要。还有钙、磷、盐、胡萝卜素配平即可。

7. 计算磷、钙、盐、胡萝卜素的添加量

根据上表磷缺乏 0.76 克,钙缺乏 7.32 克,胡萝卜素缺乏 11 毫克(料内含量不算)。

①磷用磷酸氢钙来补充,求磷酸氢钙添加量:

根据表 4-11 得知 0.76/0.186 =4.04 克(需磷酸氢钙量)

4.04×0.232 =0.94 克钙(4.04 克磷酸氢钙中含钙量)

②求需要石粉量:7.32-0.94 =6.38 克(尚缺的钙量)

6.38/0.3389/0.921 =20.44 克(需石粉量)

③求需添加胡萝卜素量(饲料中含量未计算在内):添加 3.93 毫克,如果添加维生素 A,可添加 400IU×11=4400IU/50 万 IU =0.0088 克(8.8 毫克)。

④食盐添加量:一般 15~20 克,取其中 18 克/2.8 千克=6.4 克/千克,根据不同饲料和不同季节,需调整盐量。这只是个参考范围数。

8. 计算平衡后日粮组成,营养浓度满足需要情况 见表 4-15。

表 4-15 平衡后的日粮组成、营养浓度满足情况表

原料	干物质采食量(千克)	风干物采食量(千克)	消化能(兆焦)	可消化蛋白质(克)	粗纤维(克)	钙(克)	磷(克)	胡萝卜素(毫克)
玉米秸	1.18	1.31	7.65	23.6	326.8	—	—	
稻草	0.78	0.87	6.72	6.24	517	0.94	0.39	
玉米	0.48	0.54	7.81	30.38	11	0.43	1.15	
麦麸	0.15	0.17	2.06	14.55	15.6	0.30	1.32	
豆粕	0.17	0.19	3.13	51.34	9.69	0.65	1.46	
棉籽粕	0.04	0.05	0.64	11.60	4.72	0.10	0.91	
磷酸氢钙	0.004	0.004				0.46	0.37	

续表 4-15

原　料	干物质采食量(千克)	风干物采食量(千克)	消化能(兆焦)	可消化蛋白质(克)	粗纤维(克)	钙(克)	磷(克)	胡萝卜素(毫克)
石　粉	0.020	0.020				5.93	—	
食　盐	0.018	0.018				—	—	
胡萝卜素	4400IU	0.0088				—	—	
合　计	2.842	3.18	28.01	137.71	884.81	8.81	5.6	11.0
标　准	2.8		27.13	136		8.8	5.6	11.0
盈　亏	+0.042		+0.88	+1.71		0	0	0

从表 4-15 可知，基本满足驴(1.5 岁，体重 170 千克，日增重 0.1 千克)的营养需要，粗纤维含量稍高 1.6%，基本可以。其他各项指标均符合标准需要。

9. 日粮组成及配方　见表 4-16。

表 4-16　日粮组成及配方表

日粮类型	日粮组成(千克)	日粮配方(%)
玉米秸	1.31	41.2
稻　草	0.87	27.4
玉　米	0.54	17.00
麦　麸	0.17	5.35
豆　粕	0.19	6.0
棉籽粕	0.05	1.57
磷酸氢钙	0.004	0.06
石　粉	0.020	0.59
食　盐	0.018	0.56
胡萝卜素(换算成维生素 A 量)	0.0088	0.27
合　计	3.18	100

注：胡萝卜素 1 毫克＝400IU 维生素 A，从表 4-16 可见粗饲料占日粮的 70%，精料占日粮的 30%(包括预混料在内)在配制过程中粗、精料分别加工后混喂。见日粮分析。

10. 日粮分析

①该日粮基本上满足170千克体重的1.5岁生长驴每日增重0.1千克的营养需要。虽然粗纤维稍高1.6%，但是仍在正常范围内，可以稍调低粗饲料即可。不调也可以试用，如有因粗纤维高而发现驴有不适，可以采取调整措施。

②日粮的粗、精比接近7∶3，可满足营养需要。

③日粮的钙∶磷＝1.6∶1比例适当。

④根据表4-16可以列出精料混合料及浓缩料的配方。

配方一：粗饲料配比：玉米秸60%，稻草40%。

配方二：日粮、精料补充料、浓缩料计算关系：主要以精料（占日粮的31.4%部分）见表4-17。

表4-17　体重170千克、18月龄的肉驴精料混合料表

饲料原料	日粮配方(%)	精料补充料		浓缩料	
		原料数	配方(%)	原料数	配方(%)
玉米秸	41.20				
稻　草	27.40				
玉　米	17.00	17.00	54.14		
麦　麸	5.35	5.35	17.04	1.18	3.93
豆　粕	6.00	6.00	19.11	19.11	63.70
棉籽粕	1.57	1.57	5.00	5.00	16.67
磷酸氢钙	0.06	0.06	0.19	0.19	0.63
石　粉	0.59	0.59	1.88	1.88	6.27
食　盐	0.56	0.56	1.78	1.78	5.93
胡萝卜素改为维生素A	0.27	0.27	0.86	0.86	2.87
合　计	100	31.4	100	30	100

注：1. 日粮中的粗饲料（即玉米秸和稻草）首先应将它铡短后混合均匀，备用。

2. 浓缩料：见表4-17浓缩料配方。

3. 饲喂方法：是以31.4%精料补充料与41.2%玉米秸和27.4%稻草（即68.6%的粗饲料）充分混成日粮后即可喂驴。

七、肉驴肥育的精料补充料参考配方

肉驴肥育是为了在较短时间内，用较低的成本，获得质高量多的驴肉，即在原饲养方式基础上，经过短时间地科学饲养管理，合理搭配精料补充料和粗料的比例，达到快速肥育及时出栏的目的。除肥育期的饲养管理，科学利用精料补充料至关重要外，还要抓好以下 4 点。

（一）准确掌握最佳肥育结束期

驴与其他家畜同样，在生长发育、肥育等不同阶段与采食量是有一定规律的，在肥育期每日采食量是随不断增重而逐渐下降，特别是肥育后期。如果采食量下降达正常采食量的 30%或按活体重计算采食量（以干物质为基础）下降到体重的 0.9%～1.1%或更少，说明已到最佳肥育结束期。同时，还需要观察膘情和体况，一般在一级膘情时即可抓紧及时出栏。否则，拖延出栏时间得不偿失。

（二）科学调整精料补充料与粗饲料的比例

搭配调整精、粗料比例要因时、因地，根据市场需要等因素调整出栏速度，及时出栏。见表 4-18。

表 4-18　粗饲料与精料补充料搭配比例表　（%）

肥育阶段	粗 饲 料	精料补充料
前　期	55～65	45～35
中　期	45	55
后　期	15～25	85～75

(三)阉后或淘汰的成年驴肥育的饲喂方案

肉驴肥育模式参考见表 4-19。

表 4-19 肉驴肥育模式参考表

精：粗搭配模式	肥育前期	肥育中期	肥育后期
1	30：70	40：60	75：25
2	40：60	65：35	80：20
3	55：45	70：30	85：15

表 4-19 中，三种精粗搭配模式，是采用前期以粗为主，后期以精为主的模式，中期为加精料的适应期。如果市场销售好，急于出栏，可考虑适当缩短中期时间。在肥育期要注意，微量元素和维生素的供给，保证日粮营养平衡。

(四)肥育驴精料补充料的参考配方

一岁半生长肉驴精料补充料参考配方见表 4-20。

表 4-20 一岁半生长肉驴精料补充料参考配方表

料号 / 原料	肉驴精料补充料参考配方(%)				
	1	2	3	4	5
玉米	57.18	67.0	67.0	61.0	56.67
麦麸	15.0	3.2	2.2	12.0	14.0
豆粕	19.0	20.0	20.0	16.0	13.0
棉籽粕	5.0	1.1	2.0	5.0	4.9
菜籽粕		3.0	2.0	2.8	3.0
酒糟蛋白饲料		2.0	3.0		5.0
磷酸氢钙	1.3	1.95	2.0	0.94	1.0
石粉	1.2	0.45	0.48	1.0	1.1

续表 4-20

原料＼料号	肉驴精料补充料参考配方(%)				
	1	2	3	4	5
食　盐	0.32	0.3	0.32	0.32	0.33
预混料	1.0	1.0	1.0	1.0	1.0
合　计	100	100	100	100	100
营养水平					
消化能(DE、兆焦/千克)	12.68	13.35	13.38	12.84	12.74
粗蛋白质(CP、%)	17.31	16.97	17.06	16.89	16.98
钙(Ca、%)	0.8	0.67	0.67	0.65	0.69
磷(P、%)	0.36	0.45	0.45	0.30	0.31
钠(Na、%)	0.15	0.13	0.15	0.14	0.15

注：参考配方中粗蛋白质含量偏低，在设计时粗蛋白质(CP)在17%～19%较好。

2岁生长肉驴精料补充料参考配方见表4-21。

表 4-21　2 岁生长肉驴精料补充料参考配方表

原料＼料号	肉驴精料补充料参考配方(%)				
	1	2	3	4	5
玉　米	55.0	59.0	56.0	66.0	62.47
麦　麸	20.0	15.0	20.0	10.35	11.0
豆　粕	6.64	13.0	7.26	15.29	14.0
棉籽粕	5.0	4.76	5.0		5.0
菜籽粕	5.0		5.0	5.0	
酒糟蛋白饲料	5.0	4.62	3.38		4.0
磷酸氢钙	0.93	1.2	0.93	1.0	1.1
石　粉	1.11	1.1	1.11	1.1	1.1
食　盐	0.32	0.32	0.32	0.33	0.33
预混料	1.0	1.0	1.0	1.0	1.0
合　计	100	100	100	100	100

续表 4-21

原料＼料号	肉驴精料补充料参考配方(%)				
	1	2	3	4	5
营养水平					
消化能(DE、兆焦/千克)	12.44	12.76	12.44	13.10	12.93
粗蛋白质(CP、%)	15.8	16.1	15.69	15.7	16.13
钙(Ca、%)	0.68	0.72	0.68	0.69	0.70
磷(P、%)	0.31	0.33	0.31	0.31	0.32
钠(Na、%)	0.15	0.14	0.15	0.15	0.15

注:本配方仅供参考,消化能(DE)在12.6兆焦/千克左右即可,粗蛋白质16%～18%较宜。

3岁成年驴肥育精料补充料参考配方见表4-22。

表 4-22　3岁成年驴肥育精料补充料参考配方

原料＼料号	肉驴精料补充料参考配方(%)					
	1	2	3	4	5	6
玉　米	42.12	51.52	74.0	70.49	65.3	69.0
麦　麸	34.0	30.0	—	4.0	2.9	18.0
豆　粕	2.6	4.88	4.6	1.5	3.0	7.0
棉籽粕	—	—	1.0	1.0	1.0	1.0
菜籽粕	—	—	—	1.33	—	
鱼　粉	—	—	4.78	3.0	—	2.0
豌　豆	18.0	—	—	—	—	
酒糟蛋白饲料	—	10.6	12.0	16.17	25.0	
磷酸氢钙	0.8	0.7	1.1	0.3	0.5	0.8
石　粉	1.16	1.2	1.2	1.2	1.3	1.0
食　盐	0.32	0.1	0.32	0.01	—	0.2
预混料	1.0	1.0	1.0	1.0	1.0	1.0

续表 4-22

原料 ＼ 料号	肉驴精料补充料参考配方(%)					
	1	2	3	4	5	6
合　计	100	100	100	100	100	100
营养水平						
消化能(DE、兆焦/千克)	12.13	12.3	13.6	13.13	13.68	12.84
粗蛋白质(CP、%)	13.9	14.2	15.16	14.69	14.86	13.45
钙(Ca、%)	0.6	0.65	0.9	0.70	0.64	0.65
磷(P、%)	0.3	0.33	0.51	0.36	0.35	0.33
钠(Na、%)	0.15	0.15	0.27	0.18	0.23	0.15

注：1. 本配方的消化能(DE)偏低，在13～14兆焦/千克即可，粗蛋白质14%～16%较宜。在实际生产中，尚须不断调整原料的配比和营养含量。在有确实效果时方可确定配方。

2. 精料补充料用时，也须结合上述搭配比例来反复实践后再应用。

3. 表4-20、表4-21、表4-22是精料补充料的参考配方，仅占日粮的30%，须混入70%的粗饲料方为驴的全部日粮量。所以，表4-18、表4-19提供的精、粗料在不同肥育期的比例在营养方面也是很粗糙的，仅供参考。驴是单胃草食动物，精料比例太高，消化能否适应都是未知数。最好是按例题的方法，对不同体重年龄驴的营养需要，具体设计日粮配比，是有一定准确性的。

4. 各表配方中的酒糟蛋白饲料不宜过高，它与食盐添加量搭配要适当。否则将引起钠的含量超标(量)，所以表4-22中的3、4、5号原料方要调整后再用，只可作为钠含量超量的例子来看，必须将钠的含量调到0.15%才可以。

第五章　驴的饲养管理

成功的家畜饲养不仅仅在于了解它们的营养需要，熟悉饲料的营养价值及其他特性和配合完善、平衡的日粮，还必须了解家畜的生物学特性及消化生理特点，并且掌握饲喂方法，使它们保持旺盛的食欲，以最节省的饲料消耗，达到最高限度的生产力。

一、驴的生物学特性

(一)驴的生活习性

驴具有热带或亚热带动物的特征和特性，从体质外貌、生活习性上都是如此。驴喜欢温暖干燥的生活环境，不耐寒冷，能耐热、耐饥渴，饮水量小，抗脱水能力强，脱水达体重25%～30%，仅表现食欲减退，而一次饮水即可补足所失水分；食量小，比马少30%～40%；耐粗饲，对粗纤维的消化力比马高30%；抗病力强，神经类型比马均衡，不易得消化器官疾病。

驴的胎儿生长发育快，初生体高可达成年驴的60%以上，体重达成年驴的10%～12%。驴性成熟早，1.5～2岁可性成熟，母驴终生可产驹10头左右。驴的性格温驯，胆小怕冰，鸣声长而洪亮，缺乏悍威和自卫力。驴腰短(5个腰椎)而强固，利于驮用，使役灵活，善走对侧步，人骑乘感觉舒适。与马相比，驴胫长管短，步幅小，运步快。驴的颈脊、前胸、背部、腹部均能储存脂肪。

(二)驴的消化生理特点

驴采食慢，咀嚼细，牙齿坚硬发达，上、下唇灵活，适于采食和咀嚼粗饲料。驴的唾液腺发达，每1千克草料可由4倍的唾液泡软消化。驴的胃小，只相当同样大小的牛的1/5。驴胃的贲门括约肌发达，而呕吐神经不发达，故不宜饲喂易酵解产气的饲料，以免造成胃扩张。食糜在胃中停留时间短，当胃容量达到2/3时，随着不断采食，胃内容物就不断排至肠道。驴胃中的食糜是分层消化的，故不宜在采食中大量饮水，以免打破分层状态，让未充分消化的食物冲进小肠，不利消化。所以，要求喂驴要定时、定量和少喂勤添。

驴的肠道口径粗细不匀，如回盲口和盲结口较小，饲养不当或饮水不足会引起肠道梗塞，发生便秘。因此，必须给驴正确的调制草料和供给充足的饮水。正常情况下，食糜在小肠接受胆汁、胰液和肠液多种消化酶的分解，营养物质被肠黏膜吸收，通过血液输往全身。但是，驴没有胆囊，胆汁稀薄，在粗大的胆管内排到小肠后，对相关的营养物消化吸收力就差，特别是对脂肪。而大肠，尤其是盲肠有着牛瘤胃的作用，是纤维素被大量的细菌、微生物发酵、分解、消化的地方，但由于它位于消化道中下段，因而对纤维素的消化利用远远不如牛、羊的瘤胃。

（三）驴对饲料利用的特性

驴对饲料的利用具有马属动物的共性。一是对粗纤维的利用率不如反刍家畜，两者相差1倍以上，但驴比马粗纤维消化能力高30%，所以驴比马耐粗饲。二是对饲料中的脂肪消化能力差，仅相当反刍家畜的60%。驴的饲料应选择脂肪含量低的饲料。三是对饲料中蛋白质的利用与反刍家畜相近。日粮中纤维素适宜含量为20%左右，超过30%～40%，则影响蛋白质的消化。与马、骡相比，驴消化能力要高20%～30%。对驴驹和种驴应注意蛋白质的供应。

二、驴的饲喂技术

驴的饲养与其他家畜相同，同样存在着饲养的连续性与阶段性。在初生开始的整个生命中会产生不同阶段营养需要与采食量、生理功能的差距，出牧与收牧阶段采食量的差距，低产阶段食欲与给量间的差距，限饲或强饲与食欲间的差距，冬季与夏季营养供应的差距。由于存在上述种种不同的差距，正确处理不同阶段的差距，保证科学合理营养水平和饲喂方式方法是非常必要的。下面，根据驴的生物学特性、消化生理特点及对饲料利用的特性，将饲养的阶段性和连续性统一起来的处理方法如下。

（一）驴饲料的搭配与混合形式问题

所有用于饲喂的饲草、饲料和矿物质均采用细碎状态掺拌混匀，以全部混合的形式来饲喂，青草、青菜或多汁根茎亦可剁碎和入。驴是食草动物，采用粗料、精料现混现喂的方式，即一种或数种粗料采取自由采食或定量投给，再分顿饲喂混合精料，特别是种驴采用这种方式最适宜；还可以根据营养需要，将草料粉碎，按（配方）比例混合压制成颗粒喂驴效果更佳。

（二）干拌料或湿拌料的问题

干拌饲喂的优点是省工，易于掌握喂量，促进唾液分泌与咀嚼，不必考虑饲料温度，可保持舍内清洁干燥，剩料不易腐败或结冻，适于自由采食。缺点是浪费、糟蹋饲料较多，需要改良饲槽或制成颗粒加以克服。湿拌饲喂的优点是便于采食，少糟蹋饲料，节省饮水次数。一般来说，湿喂优于干喂，加水量与原料的含水量、吸水性及饲喂对象有关。秕壳类吸水性最强，干草、秸秆类次之，糠麸类又次之，带壳谷实类再次之，脱壳粒实类最低。因此，达到同一湿度所需要加的水量也不一样。一般混合精料加水比例见表5-1。

表 5-1　一般混合精料加水比例参考表

<table>
<tr><th>料的种类</th><th>料的形状</th><th>料水的比例</th><th>饲喂对象</th></tr>
<tr><td>干粉料</td><td>干粉状</td><td>1∶0</td><td>猪、鸡</td></tr>
<tr><td>生拌料</td><td rowspan="3">手握不出水、松手即散或手握渗水、松手不散</td><td rowspan="3">1∶0.8～1.2(左右)</td><td rowspan="3">草食畜、猪、禽等</td></tr>
<tr><td>潮拌料</td></tr>
<tr><td>干拌料</td></tr>
<tr><td>稠　料</td><td>开始多水,仍起堆</td><td>1∶4 左右</td><td>猪、水禽</td></tr>
<tr><td>粥　料</td><td>水料分明,不起堆</td><td>1∶5 左右</td><td>母猪、水禽</td></tr>
<tr><td>稀　料</td><td>水料分离</td><td>1∶6 左右或以上</td><td>病、幼畜,产后母畜</td></tr>
</table>

(三)饲喂次数的问题

饲喂次数决定家畜的年龄、饲料性质、生产水平与劳动组织等情况,由一次到自由采食不等,草食家畜可用草架下面带槽的结构,以方便喂精料时在下面槽中将粗料喷水后再混入精料掺拌均匀喂饲。上面草架可随意采食干草。

驴的饲养一般不采用混槽喂养的办法。因为个体不同、年龄不同、个性不同,混槽饲喂易发生饥饱不均、膘情不匀的现象。所以,应按畜种和个体分槽定位饲养,临产母驴和幼驹用单槽,哺乳母驴槽位要宽些,以便于幼驹吃奶和休息。

季节的不同,以及生长期和生产时期的不同,可安排不同的饲喂顿数,并且要定时、定量,不要过饥、过饱。所以说:“不饥不饱,定时定量,牲畜肥胖”。看槽细喂,少添,每次饲喂时要先喂草,后喂加水拌料的草,每次投给草料不要过多,少给勤添,使槽内不剩草料,不空槽。精料应后喂,由少渐多。拌料要掺拌均匀,做到有料没料四角拌到。驴的饮水量要求不多,所以拌料时加水不宜过多,能使料粘在草上即可。

(四)饲喂方式

日粮按饲喂次数分为等量或不等量的份数,之后按粗精与适口性安排顺序,原则是先粗料后精料;少喂勤添。这样,可以使驴有旺盛的食欲,有吃不足的感觉,不至于厌食挑剔,还可防止鼻孔喷气,使饲料变味。通过少喂勤添可以不断观察驴的采食情况,随时发现抢食、停食、不足或剩料现象,及时纠正。

(五)饲养中的饲料更换问题

凡增减喂量,变换饲料种类及引进新饲料,都要采取逐渐更换的办法进行,绝不可骤然打乱采食习惯。不可骤减骤增,这样轻则不安、倒槽、消化功能紊乱,引起便秘或腹泻,重则胃扩张、肠炎、甚至死亡。

换料有两种情况:其一是驴的生理需要。如分娩前后、干奶与断奶过程、肉驴催肥、种畜配种的初、末期。其二是饲料来源发生变化引起日粮结构的根本改变或局部调整。全年按饲料供应可分为青饲期(生长季节)与干草期两个季节(也可说是牧饲期与舍饲期)。即使是全舍饲,也存在干换青(春季)与青换干(秋季)的两个过程。这就需要防止贪青、跑青、吃不饱、泻肚或收牧时停食。所以,在草料变换时需多加小心,防止突变造成不良后果。

(六)给水的问题

驴对水的需要量虽然与其他畜类不同,但也非常重要,切忌饲喂中饮水以防消化紊乱。在给水过程中要注意气候条件、生理阶段、劳动强度与产品性质的不同。通常是先喂后饮为宜。重役之后,饥渴交迫,可先少饮 1 遍,要少饮慢饮,切忌暴饮,然后再喂草料。出勤前要使驴饮足，之间还得加饮。饮水温度夏宜凉、冬要温，切忌饮冰碴水，以防造成胃肠疾病，或妊娠母驴流产。

三、种公驴的饲养管理

种公驴必须保持有种用的体况，膘情要好，不肥不瘦，性欲旺盛，产生优良的精液，保证配种期每日的采精或配种，取得较高的受胎率。每周要休息1天，以更好地完成全期的配种任务。种公驴饲养管理除遵循驴的一般饲养管理原则外，还应抓好以下工作。

(一)满足种公驴的营养需要

在日粮配合时要减少饲草比例，加大精料比例，控制能量饲料，使精料在日粮中占总量的1/3～1/2。配种任务大时需增加鸡蛋、牛奶、鱼粉、石粉、磷酸氢钙等饲料，每头每日给盐30～50克、贝壳、石粉40～60克。为使精液品质在配种期能达到要求，应在配种开始前1～1.5个月加强饲养，改善饲料品质。

一般大型种公驴非配种时期，日喂谷草或优质干草5～6千克、精料1.5～2千克；中型公驴日喂干草3～4千克、精料1～1.5千克。进入配种期前1个月，开始减草加料，达到配种期日粮标准：大型驴谷草3.5～4千克、精料2.3～3.5千克，其中豆饼或豆类不少于25％～30％；早春缺乏优质青干草时，每天应补给胡萝卜1千克或大麦草0.5千克。维生素A对种公驴不可缺少，要按规定投给。350千克体重公驴日粮配合见表5-2。

表 5-2　350 千克体重种公驴日粮配合参考方

	配方序号	大麦(千克)	麸皮(千克)	豆饼(千克)	玉米(千克)	高粱(千克)	谷子(千克)	精料小计(千克)	谷草 50%野干草 50%(千克)	青草(千克)	胡萝卜(千克)	食盐(克)	骨粉(克)	石粉(克)
配种期	1	1	0.75	1.0	—	—	1	3.75	3.5～4.0	—	2	50	75	50
	2	—	1.0	1.0	—	1	—	3.00	3.5～4.0	—	2	50	75	50
	3	—	1.0	1.0	1	—	—	3.00	3.5～4.0	10	—	50	75	50
非配种期	1	1.5	0.5	0.5	—	—	—	2.50	5～8	—	2	30	60	40
	2	—	0.5	1.0	—	1	—	2.50	5～8	—	2	30	60	40
	3	—	0.5	1.0	1	—	—	2.50	5～8	—	2	30	60	40

注:配种旺期可增加鱼粉 50～80 克,或鸡蛋 3～5 个,或牛奶 0.5～1 千克。体重小于 350 千克的公驴,应减少草料喂量,整粒饲料要经粉碎后饲喂。

(二)适宜的运动,保证体质健壮

要处理好种公驴的营养、运动和配种三者相互制约而又平衡的关系。配种任务重时,可减轻运动量,增加蛋白质营养;配种任务轻时,则可增加运动量或适当减少精料,防止种驴过肥。运动一般采用轻度使役或骑乘均可,时间在 1.5～2 小时,可提高精子活力。在配种(采精)前后 1 小时,要避免剧烈运动,配种(采精)后要牵遛 20 分钟。种公驴除饲喂时间外,其他时间还可在运动场地进行逍遥运动,不要长时间拴系。

(三)合理配种

一般配种(采精)每天 1 次,每周休息 1 天,偶尔 1 天 2 次,需间隔 8 小时以上。青年公驴的配种频率要比壮龄公驴小。配种次数要依精液质量而定。配种过度,会降低精液品质,影响繁殖力,造成不育,同时也会缩短公驴的使用年限。

(四)青年种公驴的调教

饲养员、采精员不要参加防疫注射、采血输液、外科手术、修蹄等,防止牲畜记仇,发生咬人、踢人等人身事故。对种公驴要耐心、细心,绝不可殴打种驴,要使人、畜亲和。经常刷拭,经常按摩睾丸,毛皮、尾巴、头顶,蹄叉要清洗干净,定期修蹄。采精调教,应使没采过精的年轻种公驴事先见习。在采精之前要备好采精架、台畜、假阴道等,假阴道温度一定要合适,否则易出毛病,养成坏习惯,使采精失败。有时公驴感觉不舒服容易咬人、踢人,造成伤害,所以采精场地要求安静,防止人杂吵闹。地面要结实,不起灰尘,以防污染精液,但地面要防止硬滑,以免在采精时种驴滑倒摔伤。保持种用体型非常重要,给料、喂草要讲究,防止因采食体积大的草料形成草腹,而丧失配种能力,造成损失。

四、可繁殖母驴的饲养管理

可繁殖母驴的饲养管理分为空怀、妊娠和哺乳 3 个阶段。

(一)空怀母驴的饲养管理

在春季膘情较差,饲养良好的标志是中等膘情,所以对于膘情较差的母驴要加强营养,减轻使役强度,使其膘情达到中等水平,以利于配种和受胎。在繁殖季节,母驴膘一定要达到七成膘。舍饲母驴不使役、不运动,营养过剩,脂肪沉积在卵巢外,不利于繁殖,应加强运动和限饲,使其恢复繁殖力。在配种前 1 个月,对空怀母驴应进行普查,发现有生殖疾病时,要及时治疗。

(二)妊娠母驴的饲养管理

母驴适配期为 2 岁,性成熟的母驴常出现食欲减退、兴奋、游走、接近公驴或爬跨其他母驴;公驴爬跨时站立不动等发情表现。发情表现是确定配种或输精时间的依据。相邻两次发情的间隔天数为发情周期。母驴发情周期为21～28天,发情持续期为2～7天,排卵时间为发情结束前1～2天,排卵数为1枚,卵子保持受精能力8～12小时。受精卵进入子宫,着床后发育成胎儿的整个过程叫做妊娠。驴妊娠期为360～365天,产后发情为6～8天。驴发情多集中在3～7月份。

母驴在妊娠期,主要是防止流产,保证胎儿正常发育和产后泌乳是这一生理阶段的重要任务。疾病可使母驴流产,在妊娠最后1个月,胚胎游离于子宫,这一时期对妊娠母驴要重点保护,防止扭挤,要轻度使役,并给以全价营养。妊娠后期流产多因天气变化、吃霜草、霉料或使役不当,所以此阶段应加强饲养管理。

妊娠前6个月胎儿增重慢,要重视营养质量,数量增加不宜过大。7个月后,胎儿增重快,营养的质量和数量并重,都需加强,增加蛋白质饲料、优质饲草,加强放牧和逍遥动动。妊娠后半期日粮种类要多样化。蛋白质、矿物质、维生素,还要补充多汁青绿饲料,减少能量饲料,使日粮饲料质地松软,轻泻易消化。种驴场的母驴,若妊娠后期缺少优质饲草和青绿饲料,精料单纯,再加上不使役、不运动,易患产前不食症,其实质是因肝脏功能失调,形成高血脂、脂肪肝,有毒的代谢产物排泄不出去,引起妊娠毒血症,往往会造成死亡。

产前15天,母驴应停止使役,移入产房,专人看护,单独喂养。进行护理、调教,定时梳刷,按摩乳房,保护乳头。饲料总量应减1/3,每天喂4～5次。母驴每天仍要适当运动,以促进消化。母驴分娩后多不舔新生驹身上的黏液,接产人员首先应捋断脐带,用碘酊消毒,然后擦干驴驹身上的黏液,待驴驹站起,马上辅助它吃上初乳。产后1小时即可排出全部胎衣,要及时消毒外阴,此时母驴体弱口渴,可先饮麦麸水或小米粥(30℃～35℃),外加0.5%～

1%的食盐。产后1～2周，要控制母驴的草料喂量，做到逐渐增加，10天左右可恢复正常。母驴产后1个月内要停止使役，其产房要有良好的条件，做到保暖、防寒，褥草厚而干净，并及时更换和晾晒垫草。

（三）哺乳母驴的饲养管理

在营养需要上，既要满足泌乳，又要保证及时发情、排卵、受胎所必备的体况。根据母驴泌乳所需，产后头3个月的精料和蛋白质占总日粮比例要比产后4～6个月高。具体营养水平见表4-7和表4-8。哺乳母驴的饮水要充足，有适当的运动或轻役，并使驴驹吃好奶。抓好母驴体质的恢复工作，要把握住第一发情期的配种工作，否则受哺乳影响，发情不好，母驴不易受胎。

五、驴驹的饲养管理

新生驴驹出生后，由母体内转到外界环境，生活条件发生很大变化。而消化功能、呼吸器官的组织和功能、调节体温的功能都不完善，对外界环境适应能力差，因此饲养管理稍有差错，就会影响其健康和正常的生长发育。要从以下几个方面注意驴驹的饲养管理。

（一）哺乳期驴驹的饲养管理

1. 尽早吃上初乳　幼驹出生半小时站起来后就让它吃上初乳，先将母驴奶挤在手指上给幼驴驹舔吃，后移到母驴乳头上，引导其吃上初乳。如果长时间站不起来，超过2小时不能站立，就应挤出初乳，用奶瓶饲喂，每隔2小时1次，每次300毫升。母驴产后3天以内分泌的乳汁叫初乳。乳汁浓稠，颜色淡黄，蛋白质含量多，具有增强幼驴驹体质、增强抗病力、免疫力及促进排出胎粪的特殊作用。所以，尽早吃上初乳是大有益处的。但是，骡驹千万不能给初乳吃，因为马与驴交配受胎后，母驴或母马产生一种抗体主要存在于初乳中，骡驹吃后会使红细胞被溶解、破坏，使骡驹患溶血症。新生骡驹溶血症发病率达30%以上，发病迅速，病情严重，死亡率达100%。所以，骡驹生后要先进行人工哺乳，喂鲜牛奶250克或奶粉20克，要将鲜奶煮沸、加糖、再加1/3沸水，晾温后喂给，每隔2小时喂250毫升。或与母马(驴)交换哺乳，或找其他母马(驴)代养。一般经3～9天后，这种抗体消失，再吃自己母亲的奶就不会发病了。

2. 注意管护幼驴驹 刚出生的幼驹行动不灵活，易摔倒、跌伤，所以要精心照料。注意幼驹胎粪是否排出，并使其及时多吃初乳。如果1天没有排出胎粪，可给幼驹服油脂或找兽医诊治。要经常观察幼驹尾根或厩舍墙壁是否有粪便污染。要看脐带是否发炎，精神状态如何，母驴乳房是否有水肿等，做到早发现问题，及时治疗。

3. 无乳驴驹的哺育 在幼驴出生后，遇上母驴死亡或母驴没奶时，要做好人工哺乳工作。最好是找产期相近的母驴代养。方法是在代养的母驴和寄养的幼驴驹身上涂洒相同气味的水剂，人工辅助诱导幼驴驹吃奶。如果没有条件，可用奶粉或鲜牛奶、羊奶进行人工哺乳。牛、羊奶的脂肪和蛋白质均比驴奶含量高，而乳糖含量少。各种奶的营养成分见表5-3。

表5-3 各种奶的营养成分

奶类	水分	干物质	总蛋白质	酪蛋白	白蛋白和球蛋白	乳糖	脂肪	灰分
人奶	87.6	12.4	1.2	—	—	7.0	3.8	0.21
马奶	89.0	11.0	2.0	1.01	0.99	6.7	2.0	0.30
驴奶	90.1	9.9	1.9	0.68	1.22	6.2	1.4	0.40
牛奶	87.5	12.5	3.3	2.81	0.50	4.7	3.7	0.70
牦牛奶	82.0	18.0	5.0	—	—	5.6	6.5	0.90
绵羊奶	82.1	17.9	5.8	4.47	1.33	4.6	6.7	0.80
山羊奶	87.0	13.0	3.4	2.56	0.84	4.6	4.1	0.90

喂奶前，要撇去上层一些脂肪，2 升牛奶加 1 升水稀释，再加 2 汤匙左右白糖；或 1 升羊奶加 500 毫升水和少量白糖。煮沸后晾至 35℃左右，再用婴儿哺乳瓶喂给幼驴驹。初生至 7 日龄内每小时哺乳 1 次，每次 150～250 毫升。8～14 日龄白天每 2 小时喂 1 次，夜间 3～4 小时喂 1 次，每次 250～400 毫升。15～30 日龄时，每日喂 4～5 次，每次 1 升。30 日龄至断奶，每日 3～4 次，每次 1 升。要酌情饲喂，每次不要太饱，保持八成饱即可。要根据情况不同，灵活运用上述的大致数据，不能教条。

4. 幼驴驹的提早补饲　幼驹出生后半个月，就应开始训练吃草料，这对促进幼驹消化道的发育，缓解母驴泌乳量逐渐下降和幼驹生长迅速的矛盾，都十分有利。补饲的草料要用优质禾本科干草和苜蓿干草，任其自由采食。精料可用压扁的燕麦及麦麸、豆饼、高粱、玉米、小米等。精料要破碎或浸泡，以利于消化。幼驴驹补饲的时间要与母驴饲喂时间一致，应单设小槽，与母驴分开饲喂。

具体补饲量要根据母驴的泌乳量、幼驹的营养状况、食欲和消化情况灵活掌握。喂量由少到多，开始可由 50～100 克逐渐增加；2～3 个月龄时每日喂量 500～600 克；5～6 个月龄时每日喂 1～2 千克。一般在 3 月龄前每日补饲 1 次，3 月龄以后每日补饲 2 次。如果每日喂给 2～2.5 千克乳熟期的玉米果穗（切碎后喂），效果更好。每日要喂食盐 15 克、骨粉 15 克。如果母驴出去放牧，最好让驴驹随母驴一同出牧，使驴驹吃到青草，又可得到运动的锻炼。

（二）断奶期驴驹的饲养管理

驴驹的断奶也是养驴生产的一个重要环节，在断奶后经过的第一个寒冬就是驴驹生活中的最大转折，如果饲养管理跟不上去，就会造成幼驹营养不良生长发育迟缓或造成其他损失和疾病。因此，幼驹的安全过冬，加强饲养管理是非常重要的技术环节，绝不能草率、粗心。

1. 适时断奶 一般情况下，哺乳母驴多在产后第一情期时再次配种妊娠，泌乳量逐渐减少。而幼驹长到4～5月龄时，已能独立采食。所以，一般在5～6月龄时断奶。在断奶时要观察母驴的健康状况和驴驹的发育情况，灵活掌握断奶时间。如果断奶过早，驴驹吃奶不足，会影响发育；断奶过晚，又会影响母驴的膘情和妊娠中的胎儿发育。

2. 断奶方法 选择晴好天气，把母驴和驴驹牵到事先准备好的断奶驴驹舍内饲喂，到傍晚时将母驴牵走，幼驹留在原处，第二天将母驴圈养1天，第三天开始放牧或干轻活运动。为减小幼驹因思念母亲而烦躁不安，可选择性情温驯、母性良好的老母驴或骟驴来陪伴幼驹。将幼驹关在舍内2～3天后，即逐渐安定下来，每日可放入运动场自由活动1～2小时，以后可逐渐延长活动时间。为了安抚幼驹，防止逃跑或跳圈，必须让母驴远离幼驹，这样经过6～7天后，就可以进行正常的饲养管理了。

3. 断奶后的饲养管理 驴驹断奶后即开始独立生活。第一周实行圈养，每日补4次草料。要喂给适口性好的、易消化的饲料，饲料配合要多样化，最好用淡盐水浸草焖料。每日可喂混合精料1.5～3千克、干草4～8千克，饮水要充足，有条件可放牧或在田间放留茬地。

断奶后很快就进入冬季。生活环境的改变、气候的寒冷给幼驴生活带来很大困难，因此对幼驴要加强护理，备好防寒保温的圈舍、圈棚，精心饲养，抓好幼驴秋膘。备好优质的饲草、饲料。同时，要加强幼驴的运动，千万不可“蹲圈”。饲养人员要多接近它们，抚摸它们，建立人、畜亲和关系。我国北方早春季节气温多变，幼驴容易患感冒、消化不良等疾病，要做到喂饱、饮足、运动适量，防止疾病发生。驴驹满周岁后，要公、母分群。对不能用作种的公驴要去势。开春至晚秋，各进行1次驱虫和修蹄。要抓好放牧、补喂青草工作，并适当补给精料。

驴驹的调教也是断奶之后的一项细致、科学性很强的工作，饲养人员通过饲养、刷拭、抚摸建立人、畜亲和感情，避免驴见人害怕、恐惧，对幼驴要温和，不要使驴养成咬踢伤人的恶癖。对待牲畜要耐心、细致，不能施暴乱打，伤害牲畜。

第六章　肉用驴的生产技术

我国养驴业历史悠久，在人类社会经济发展中，为人们的生产、生活提供重要的动力，时至今日，仍未失去役用、骑乘和肉用的价值，而驴肉更是国人情有独钟的美食，各地都有驴肉的风味佳肴。古代医书如李时珍的《本草纲目》中就载有："驴肉可补血益气，治积年劳损。"驴皮也是"阿胶"的主要原料。当今对驴骨、驴油、驴奶以及驴的血清，都有很高的开发价值。

随着人们生活水平的不断提高，对食品营养价值的要求也越来越高，远远超出过去对驴的感性认识。驴肉是蛋白质含量高、脂肪含量低的肉食品，而脂肪中不饱和脂肪酸的含量，尤其是能降低血脂和胆固醇的亚油酸、亚麻酸含量特别高，是真正的食疗食品。因此，驴肉亦愈来愈受更多人的青睐。一些肉食品集团纷纷办起肥育驴场，把发展肉驴业办成农牧民致富的重要产业之一。驴的役用功能又随着我国农业机械化的发展，逐渐被肉用功能所逐步替代。

一、驴的肉用性能

驴的肉用优势强，它早熟性好，在 3 岁时体高、体长、管围均达到成年期的 99%，胸围和体重也达到成年的 95%。驴的产肉性能最重要指标是屠宰率，主要与不同的肥育方法有关，骨肉比和肉质也随年龄和肥育方法有所变化。驴的胴体优质肉比例高，具有优良的肉用形态。

(一)驴的生长发育强度

现有资料表明，驴生后 1～1.5 岁有很高的生长能力，这一生长特性与马驹和牛犊很相似。以关中驴，初生重至成年体重为例见表 6-1。从它的绝对增重和相对增重可以看出驴的生长发育强度的一般规律。

表 6-1　关中驴不同年龄的体重增长表　(单位：千克)

年　龄	体　重	相邻年龄段增重	相邻年龄段日增重	与初生相比日增重	体重占成年百分比(%)
3 日龄	30.70	—	—	—	10.34
1 月龄	47.86	17.16	0.572	0.572	16.90
6 月龄	111.17	63.31	0.419	0.447	39.25
1 岁	156.80	45.63	0.254	0.347	55.37
1.5 岁	193.04	81.87	0.447	0.364	68.16
2 岁	219.90	26.86	0.147	0.259	77.65
2.5 岁	243.46	23.65	0.129	0.234	85.97
3 岁	269.84	26.38	0.072	0.218	95.28
4 岁	279.98	10.14	0.028	0.171	98.86
5 岁	283.20	3.22	0.009	0.139	100.00

从上表可见，关中驴初生时体重可达成年体重的 10.34%，与牛犊比高很多。断奶体重占成年体重的 39.25%，阶段日增重高达 0.419 千克(1～6 月龄)。1 岁体重占成年体重的 55.37%，阶段日增重可达 0.254 千克(0.5～1 岁)。1.5 岁体重占成年体重的 68.16%，阶段日增重可达 0.447 千克(1～1.5 岁)。驴的生长发育规律告诉我们，驴在 6 月龄内，相对生长发育的速度最快；6 月龄至 1.5 岁是驴生长发育的又一高峰；3 岁后驴的生长发育速度减慢。因此，驴驹肉的生产应选在 1～1.5 岁，青年架子驴的生产

可选在 1.5～2.5 岁。如若将 3～4 岁的驴再作为架子驴，其效益就会相对降低。然而，在实际生产中，不少将老、残、退役的驴作为肥育屠宰对象，但其肥育效果和驴肉品质都不会高，档次不够。

以放牧为主的驴，它的生长强度在幼驴驹时，在不利的季节会急剧降低，尤其是在第一个独立越冬期，生长发育往往受阻。当幼驹长大，逐渐就会对外界恶劣环境有了适应力。成年驴在过冬前的夏、秋季节就会在皮下脂肪层，特别是在颈脊、腹壁和内部器官储积较多的脂肪，以备冬、春季节消耗。如果在冬春季节适时补饲，可使放牧驴获得良好的生长发育和满意的经济效益。

(二)驴胴体净肉切块的平均重量和比例

不同年龄驴的胴体形态亦有所变化，以此可以评定和计划最适宜的屠宰年龄，不同产品的加工，以及改进选种方法和培育技术。从驴驹到成年驴，随着年龄的增大，骨量的相对值减少，后躯优质肉的比例也减少。胴体的膘度不同，脂肪含量也有差异。

高等级的驴胴体，在屠宰时吊起来可见整个体躯显得丰满，两后腿呈“U”形。胴体肌肉发育良好，肌肉纤维间的脂肪沉积较多，呈大理石状。取得良好饲料报酬的驴胴体，无论是青年驴还是成年驴的肌肉发育都要良好。成年驴在颈脊、尻部和腹部都有脂肪沉积，青年驴仅在腹部有沉积。专家通过屠宰实验，分析了胴体不同部位的重量和比例，见表 6-2。

表 6-2　5 头晋南驴胴体净肉切块的平均重量和比例

项　目	胴体重	净肉重	一级肉			二级肉			三级肉		
			肋腹肉	背部肉	后腿肉	鬐床肉	颈肩臂肉	颈部肉	肘子肉	半胫肉	半臂肉
重量(千克)	128.24	100.25	9.85	10.09	43.13	1.22	31.36	1.41	1.71	0.71	0.77
占净肉(%)	—	100.00	9.82	10.06	43.02	1.22	31.28	1.41	1.72	0.70	0.77

通过上表可以看出一级优质肉占净肉的63%，二级良好肉占34%，而较差的三级肉仅占净肉的3%。这充分说明驴的胴体形态，具有非常良好的食用价值。

(三)驴的屠宰率

屠宰率是衡量驴产肉量的最主要指标。屠宰率越高，肉的品质也越好。此外，为了评定产肉率，胴体骨骼、肌肉、脂肪之间的比例也很重要。一定量的脂肪不仅能保证肉有很好的风味，而且也可以防止贮存、运输、烹调加工时过分干燥。评定肉品时，胴体截面的对比也有一定的意义。

不同躯体部位的相对发育有着重要意义。肉质最好，肌肉最为粗厚的是体躯后1/3。驴的后躯发育虽不好，但经肥育的晋南驴，还可占净肉的43%。如果加强对驴的选育，可以改进体态，提高后躯部位的比例。

驴的屠宰率与净肉率的计算公式如下：

$$驴的屠宰率(\%)=\frac{新鲜胴体重}{宰前活重}\times 100$$

$$驴的净肉率(\%)=\frac{净肉重}{宰前活重}\times 100$$

不同品种驴的屠宰率见表6-3。

表6-3　不同品种驴的屠宰率　(单位:岁、头、%、千克)

驴　种	年　龄	数　量	屠宰率	净肉率	宰前活重	备　注
关中驴	16以上	16	39.32～40.38	—	—	西北农大冬季补粮20～25天
凉州驴	16以上	16	36.38～37.59	—	—	同上
凉州驴	1.5～20	12	48.2	31.32	127.21	甘肃农大秋季优质牧草肥育60天

续表 6-3

驴种	年龄	数量	屠宰率	净肉率	宰前活重	备注
晋南驴	15～18	5	51.50	40.25	249.15	秋优草肥育 70 天（预饲 10 天）
广灵驴	—	6	45.10	30.60	211.50	中等膘度
泌阳驴	5～6	5	48.29	34.91	118.80	中等膘度
佳米驴	14	8	49.18	35.05	—	未肥育，中等膘
华北驴（江苏铜山）	—	8	41.70	35.30	115.60	六成膘
西南驴（四川）	—	15	45.17	30.00	91.13	

从上表可知驴的屠宰率的高低，品种并非是决定因素，关键在于：一是膘度，膘情好的屠宰率就高。二是肥育方法，晋南驴以优质草料肥育 70 天，屠宰率高达 51.5%。三是季节，晋南驴秋季肥育比关中驴冬季肥育的效果好。同是凉州驴，秋季肥育屠宰率达 48.2%，而冬季肥育屠宰率仅为 36.38%～37.59%。四是年龄，老残驴肥育效果比青壮龄肥育效果要差。五是生产方式，放牧驴的消化器官重量比舍饲驴重，因而前者比后者的屠宰率低。但在幼驹阶段，因消化器官还未完全发育，屠宰率的差异不够明显。今后应重视肉用驴的选育，按照产业化的需求，根据驴的营养需要和人们对肉品的不同要求，逐渐形成完整配套的科学肥育模式，肉驴的屠宰率和肉质必定更上新档次。

（四）驴胴体的骨肉比

胴体的肉质主要由它的骨、脂肪和肌肉组织的比例来决定的，也与肉中肌腱与胴体重的百分比有关。

成年驴的胴体、肌肉和脂肪的相对比例比驴驹要高，而骨骼比例数量相对要低。肥育良好的驴，肉中肌腱含量占胴体重的百分比要低；反之，肥育不足的驴，肉中肌腱含量占胴体的百分比要高。因此，肥育良好的驴其肉质要好。胴体的肉质也可以通过胴体横断面的对比得知。肉质量好的胴体从中间剖开后，可见其肌肉发育良好，在颈脊、尻部和腹部有脂肪的沉积。肥育程度稍差的，只在腹腔的表面有脂肪沉积，可见光泽，其肉质相对也差。

（五）驴胴体的分割

1. 驴肉膘度分级　驴肉按年龄分为驴驹肉和成年驴肉。成年驴肉中的青年驴肉细嫩鲜美，脂肪少；成年驴肉中的壮龄和老龄驴肉，肌纤维相对比较粗些，肥育后脂肪沉积多。成年驴肉按膘度可分为一、二、三等膘和瘦驴肉。

（1）一等膘（上等膘）　胴体肌肉发育良好，除鬐甲外骨骼不突出，脂肪在肌肉组织间隙，并均匀遍布皮下，主要存脂部位（鬣床、尻股部、腹壁内侧）肥厚。

（2）二等膘（中等膘）　肌肉发育一般，骨骼突出不明显，主要存脂部位不太肥厚。

（3）三等膘（下等膘）　肌肉发育不太理想，第一至第十二对肋和脊椎棘突外露明显，皮下脂及内脂均呈不连接的小块。肌肉发育不佳，骨骼突出尖锐，没有存脂的为瘦驴肉，一般不适于加工。

2. 驴胴体的分割　胴体上不同部位，肉的品质也不同，表现在形态上和化学成分上都有差别，因而其加工制品的质量也不同，如烤肉、热肠、香肠、灌肠、熏肉、罐头等都是由不同部位的肉制成的。驴胴体的分割，应按形态结构和食品要求对驴胴体进行等级分割，以期获得相同质量的不同部位的驴肉，使得工业加工和商品出售能够合理地利用胴体。驴的肋腹肉和鬣床肉脂肪较丰富。后躯肉则相反，肌肉丰富，脂肪含量中等，结缔组织不很多。后躯肉中还包括了以腰部为主的一些细嫩肉。肩部、上膊部、颈部的肌肉中贯穿了许多结缔组织而缺乏脂肪。前膊部和胫部肌肉中的营养物质相对较差些。驴胴体分割尚无统一国家标准,现介绍商业网点用的分割图,见图 6-1。

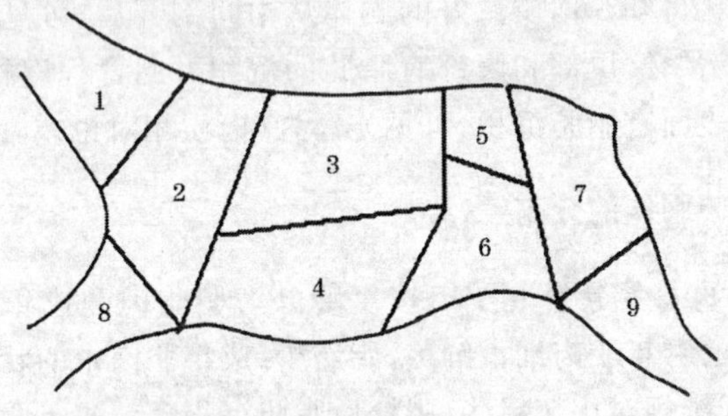

图 6-1　驴胴体分割图

1. 颈部　2. 肩和肩胛部　3. 背部　4. 胸部　5. 腰部
6. 下腹部　7. 尻股部　8. 前膊部　9. 胫部

等级是这个图解的分割基础。各部位肉块中肌肉、脂肪、骨骼和结缔组织的化学成分、热量和感官特性各不相同,将它们归类分为 3 个等级。一级是背部、胸部、腰部、股部和下腹部;二级是肩部和肩胛部及颈部;三级是前膊部、胫部。

需要指出的是,一些地区加工特色驴肉所取的部位,有着自己的特点和好恶。因此,上述等级的划分,由于取向不同,在个别地区也会有所变化。

二、驴肉的营养价值及特点

(一)驴肉的营养价值

驴肉是一种低脂肪、高蛋白质的食物。与牛肉、羊肉、猪肉相比，有着瘦肉多、脂肪少的特点，加工驴肉有着特殊的生物学和食品价值，因而深受消费者的欢迎。况且，我国各地素有喜食驴肉的习惯。现将驴肉营养价值介绍如下，见表 6-4。

表 6-4　驴肉与其他几种肉类营养含量比较表　（单位：%）

肉　类	水　分	蛋白质	脂　肪	灰　分
关中驴肉	70.04	25.21	4.03	0.72
凉州驴肉	71.64	21.00	2.63	1.98
新疆驴肉	73.60	21.50	6.20	1.10
马　肉	70.00	24.60	4.70	0.93
牛　肉	56.74	18.33	21.40	0.97
羊　肉	51.19	16.36	31.07	0.93
猪　肉	47.40	15.41	37.34	0.72

从驴肉的营养成分上来看，蛋白质、脂肪及水分含量驴与马相比较接近；驴肉与牛、羊、猪肉比较，脂肪含量低而水分含量高。而营养成分含量也取决于驴的年龄、膘度和所在的胴体部位。驴驹、青年驴、壮龄驴肉中的水分依次减少，而脂肪含量依次增多，热量也随之提高。经过肥育的不同部位的驴肉，高等级部位的肉（眼肌、尻肉、股肉、臀肉）比中档部位的肉（颈、胸、肩胛肉）次一些（肋、腹肉），水分依次减少，而脂肪含量依次增加。

肥育和未肥育的驴肉其热量含量不一。如经过肥育的晋南驴肉中脂肪含量高达 19.1%，每 100 克肉中含有 1 008 千焦热量。未经肥育的凉州驴肉，100 克肉中平均仅含 339 千焦热量。

（二）驴肉的生物学和食品价值

我国现已创拟出评定肉的生物学和营养价值的系列综合指标，虽未完善，但已取得一些进展。

1. 驴肉的感官指标 驴肉颜色深红，而驴驹肉色淡（与犊牛肉相比），这是因为驴的肌红蛋白含量较高，而且肌红蛋白在肉中的含量是随年龄的增长而增加的。驴肉的感官指标也取决于年龄、性别、膘度、饲料的性质和驴的利用。驴驹肉比成年驴肉有较高的感官价值；母驴肉比公驴肉味道好，阉驴肉在味、香和细嫩上介于母、公驴肉之间；老龄驴肉的味、香均差；未肥育的役用驴，脂肪沉积贫乏，肌纤维粗，附有大量结缔组织，役用驴肉瘦，煮后硬度不降低，经舍饲肥育后，肌纤维细，肌间沉积脂肪，呈大理石状，煮后有特殊香味。

2. 驴肉的组织学特性 驴肉的组织学构造与其食用价值有着密切的关系。经过肥育的老龄和壮龄驴肌肉组织学观察，发现驴肉肌纤维直径较小，肌纤维密度大，肌间结缔组织少，脂肪在肌纤维束间分布均匀。镜检可见脂肪球直接分布在小肌束的周围。这种肌肉组织构造与肉质的风味有很大关系，是肉质柔嫩多汁、细腻、味美的表现。其眼肌面积平均为47.61～60厘米^2。壮龄驴比老龄驴眼肌面积大。肌纤维的细度，背部为45.14微米，股部为46.52微米。

3. 驴肉中的氨基酸含量 驴肉中氨基酸构成十分全面，8种必需氨基酸和10种非必需氨基酸的含量都很丰富。现将凉州驴肉、关中驴肉、新疆驴肉、关中驴钱肉中的氨基酸与猪瘦肉、牛肉中的氨基酸做一比较，见表6-5。

表 6-5　凉州驴肉、关中驴肉、新疆驴肉、关中驴钱肉、猪肉、牛肉中氨基酸含量

(单位:毫克/100 克)

氨基酸	凉州驴肉	关中驴肉	新疆驴肉	关中驴钱肉	猪瘦肉	牛　肉
天冬氨酸	1900	1720	未测	2141	未测	未测
苏氨酸	962	735	898	822	905	913
丝氨酸	850	782	未测	879	未测	未测
谷氨酸	3440	2714	未测	3039	未测	未测
甘氨酸	1020	1864	未测	2618	未测	未测
丙氨酸	1240	1670	未测	1682	未测	未测
缬氨酸	1080	1240	1031	960	1060	978
蛋氨酸	490	327	327	270	424	487
异亮氨酸	963	789	913	704	931	888
亮氨酸	1728	1489	1590	1378	1711	1595
酪氨酸	660	598	未测	533	未测	未测
苯丙氨酸	830	733	677	718	988	817
赖氨酸	1825	1481	1783	1581	1536	1733
组氨酸	760	576	755	555	722	679
精氨酸	1240	1267	未测	1654	未测	未测
脯氨酸	800	1467	未测	2014	未测	未测
胱氨酸	440	76	未测	111	未测	未测
色氨酸	300	未测	314	未测	270	219

由于色氨酸是作为识别肉中蛋白质是否全价的重要物质,所以将它作为评定肉品质量的重要指标。从表 6-5 可见,驴肉中色氨酸含量为 300～314 毫克/100 克,远大于猪肉(270 毫克/100 克)和牛肉(219 毫克/100 克),因此说驴肉的品质优于猪肉和牛肉。

作为人体的代谢，特别是对儿童生长发育起着极为重要作用的第一、第二限制性的赖氨酸和蛋氨酸，驴肉中分别为 1 481～1 825 毫克/100 克和 270～490 毫克/100 克，含量都很高，与猪肉、牛肉相差不大。

4. 驴肉不同部位的氨基酸含量 氨基酸为蛋白质的基本结构单位，它的有无和多少对肉质的好坏具有特殊的意义。人们确定将肉中色氨酸与脯氨酸的比例作为蛋白质是否全价的标准。这是因为全价优质肉中色氨酸含量高，而不全价的结缔组织的蛋白质中羟脯氨酸含量高的缘故。此外，也可以将肉中必需氨基酸的总量与非必需氨基酸的总量的比率作为衡量肌肉营养价值的指标。

在肌肉蛋白质中有两种鲜味（酸味）氨基酸，即天冬氨酸和谷氨酸。因为它们与肉的鲜美程度有关，而备受人们的关注。影响驴肉中氨基酸含量的因素很多，如驴的性别、年龄、肥育程度和肉的宰后时间等，但更为重要的是与胴体的部位有密切关系。经对德州驴和华北灰驴的肉质分析，证实了它们的必需氨基酸占总氨基酸的百分比分别平均为 44.2%和 44.6%，比马肉、牛肉、猪肉都高。

经对不同部位驴肉的必需氨基酸总量的测定，发现后躯的半膜肌、上膊的臂二头肌、腰大肌、背最长肌之间的差异显著，必需氨基酸的含量依次降低。驴肉中含的鲜味氨基酸中谷氨酸的含量高于天冬氨酸。两种鲜味氨基酸的总量德州驴为 19.09 毫克/100 克，而锡林郭勒马为 17.01 毫克/100 克，驴肉高于马肉。从鲜味氨基酸在氨基酸总量中所占比例来看，德州驴肉为 27.33%，锡林郭勒马肉为 25.34%，而宁乡猪与约克、长白、杜洛克 7 个正、反交组合及纯种猪的猪肉均在 24%～26%，这也是人们对驴肉的鲜美可口所称赞的原因。所以，不同部位驴肉存在的差异，其顺序应为半膜肌>臂二头肌>腰大肌>背最长肌。这在驴肉分割时也可作参考。

5. 驴肉的脂肪含量 驴肉的不饱和脂肪酸含量，尤其是生物学价值特别高的亚油酸、亚麻酸的含量都远远高于其他肉类。

驴肉的高级脂肪酸中，除少数为饱和脂肪酸外，大多数为不饱和脂肪酸，它们约占高级脂肪酸总量的77.2%，而牛肉和猪肉的不饱和脂肪酸占高级脂肪酸总量的比例则大大低于这个数字。牛肉为53.5%，猪肉为62.6%，驴肉中必需脂肪酸仅有亚油酸(C 18：2)和亚麻酸(C 18：3)，无花生四烯酸(C 20：4)。驴肉高级脂肪酸中亚油酸和亚麻酸合计为26.9%，驴钱肉则高达30.6%，而猪瘦肉为13.8%，牛肉为5.7%，它们之间相差甚大。

驴肉中高级不饱和脂肪酸，尤其亚油酸、亚麻酸对抑制人的动脉硬化、冠心病、高血压有着良好的保健作用。据报道，动脉粥样硬化，附着于血管壁上的脂肪1克需要2克亚油酸去溶解。再者，不饱和脂肪酸是合成前列腺素的前体，故有降低血液黏度的作用。所以人们把驴肉作为高级食疗食品是有着科学依据的。驴肉中高级脂肪酸含量与猪、牛肉比较见表6-6。

表6-6 驴肉中的高级脂肪酸含量与猪、牛肉比较表

项 目	棕榈酸(%)	硬脂酸(%)	油酸(%)	亚油酸(%)	亚麻酸(%)	花生烯酸(%)	花生四烯酸(%)
关中驴肉	22.9	微	50.0	22.9	4.0	0.4	—
关中驴钱肉	15.3	微	54.0	26.0	4.6	—	—
猪瘦肉	22.1	11.6	44.0	13.6	0.2	—	—
牛 肉	24.6	17.3	38.8	5.8	0.7	—	1.5

6. 驴肉的胆固醇含量 人们将肉品中的胆固醇含量作为评定其生物学价值的重要指标。据测定，驴肉与牛肉、猪肉相比，胆固醇含量低，为每100克含0.74毫克，其次牛肉每100克含0.75毫克，猪肉为每100克含0.74～1.26毫克，为最高。但不同部位的脂肪所含的胆固醇含量有很大差异，应比较相互差异，加以注意。

7. 驴肉的肌间脂肪构成 高、低档驴肉品质的区别重要特征之一是肌间有无脂肪的沉积、脂肪沉积的状态和脂肪中高级不饱和脂肪酸的含量等。经测定的结果是肥育的驴肉肌间脂肪占净肉的8.91%,从而增强了驴肉的适口性和多汁性,使其具有特殊风味,在驴肉的肌间脂肪中,由于高级脂肪酸占了肌间脂肪含量的62.29%,无疑也提高了驴肉的食用价值。但要注意不饱和脂肪酸易氧化,也给驴肉腌腊制品的贮存带来了一些困难。

所以,驴肉不仅是高蛋白质、低脂肪、低胆固醇的保健食品,而且因肌束纤细、肌间脂肪含量较多,使其肉质细嫩可口。加之,驴肉色氨酸含量高,必需氨基酸占总氨基酸的比例大,具有很高的蛋白质质量。驴肉中的高级脂肪酸中,不饱和脂肪酸多,亚油酸和亚麻酸含量高,使驴肉具有极高的生物学价值。驴肉中的鲜味氨基酸也高于猪肉、牛肉和马肉,因而驴肉更加鲜美,受到人们的高度青睐。

三、驴肉的生产

肉驴生产的产业化经营,是今后畜牧业生产的必由之路。随着农业现代化的发展,驴的役用价值日渐减弱,肉用价值与时俱进。如何组织科学化、规模化的肉驴生产,就必须掌握肉驴生产的一些特点。实现养驴事业科学发展,提高经济效益和社会效益,对促进农牧民致富具有重要意义。

(一)肉用驴的体型外貌

不同的生产目的,要求不同的体型外貌来适应。驴的役用逐渐转向肉用,所以肉用驴的体型也应适应产肉的体型。同时,育种工作也要跟上去。采取本品种选育或经济杂交的方法选育体质结实,适应性强,体格重而大的驴进行繁育。外貌要求头大小适中,颌凹宽，牙齿咀嚼有力。颈中等长、富有肌肉。体躯长（体长指数大于100%），呈桶形，肋骨开张好，胸部宽深，且肌肉丰满突出。鬐甲低、背宽、腰直。尻长圆，富有肌肉，骨量适度，肌肉轮廓明显。因此，在选择上除了血缘类型、体质外貌、泌乳能力、后裔品质、体尺体重诸方面提出要求外，特别应着重的提出尻长、尻宽的指数要求，加强选择。

（二）肉用驴的胴体等级

目前，我国对驴肉和肉驴均无企业或国家标准。驴胴体若以饲料报酬合理性来划分等级，建议分为两个等级。

1. 成年驴　一级为胴体肌肉发育良好，在颈脊、尻部和腹部有脂肪沉积；二级为胴体肌肉发育良好，有些脂肪沉积在腹腔表面，可见光泽。

2. 青年驴　一级为胴体肌肉发育良好，腹部有脂肪，可见釉色光泽；二级为胴体肌肉发育良好，腹腔内部有一层脂肪沉积，可见光泽。

3. 驴驹　胴体肌肉发育较好，脂肪沉积不明显，即为一级。

上述胴体，均可对驴驹、架子驴（成年驴和青年驴）或淘汰的老残退役驴进行短期肥育获得。

（三）肉用驴的饲养管理方式

肉用驴的生产可以采取舍饲管理，也可以采取半舍、半牧的饲养管理；可以采取农户的一定规模生产，也可以采用集约化方式的经营管理；可以采取自繁自养的方式肥育，也可以采用异地肥育的阶段性生产。生产中上述管理方式，均没有单一的应用，而大部分是采取相互交叉的方式进行。

1. 舍饲肥育　应用不同类型的饲料对驴进行肥育，均有良好的效果。相比而言，精料—干草型日粮更为优越。例如，对老龄凉州驴用单一的豆科干草肥育 60 天,平均日增重 247 克。对老龄关中驴、凉州驴采用麦草—精料型的日粮肥育 25 天,平均日增重 435 克,肥育 35 天平均日增重为 299 克;而对老龄驴占 60%的晋南驴进行 70 天的优质豆科、禾本科干草—精料型日粮肥育,头 30 天平均日增重为 700 克,31～50 天的平均日增重为 630 克,而 51～70 天的平均日增重为 327 克,全程 70 天平均日增重为 574 克。

为了使料重比经济合理,驴的舍饲肥育不宜积累过多的脂肪,达到一级膘度就应停止肥育。优质干草—精料型的日粮以肥育 50～80 天为好。高中档驴肉肥育的时间要长,肉的售价也高。驴在正式进入肥育期之前,都要达到一定的基础膘度。

2. 半放牧、半舍饲肥育 驴放牧能力较差,不如马。但是如有良好的豆科—禾本科人工牧地,驴能进行短期的强度放牧肥育,使其有一个中等的膘度,那么再经过短期的 30～50 天的舍饲肥育,这样不仅节约了成本,而且可以取得良好的肥育效果。

3. 农户的规模化肥育 在农村以出售老残和架子驴居多。对于有条件的农户就地收购肥育,可减少外来驴由于条件的改变而产生的应激和换料的不适,可缩短肥育时间、提高经济效益。驴群可大可小,一年可分批肥育几批驴。

4. 集约化肥育 这种方法是今后肉用驴肥育的发展方向。其特点是要建设专门化的养驴场,进行大规模集约化生产,通过工业性的机械化肥育,大大提高劳动生产率。这种肥育技术,要求在厩舍内将不同类型的驴分成若干小群,进行散放式管理,小群间的挡板为移动式的,有利于适应驴群数量的变化和机械清理粪便。炎热季节肥育驴可在敞圈或带棚的圈里,冬季应在厩舍里。肥育场和厩舍小圈内都应设自动饮水器和饲槽。厩舍地面铺上沥青。给料由移动式粗料分送机和粉状配合饲料分送机完成。出粪由悬挂在拖拉机上的推土铲完成。要求同批肥育的驴(50～100 头),要有一致的膘度。驴驹的肥育应单独组群。接受肥育前,要对驴进行身体检查、驱虫、称重确定膘度，然后对驴号、性别、年龄、和膘度进行登记。通常有10%的驴会因各种不同原因，如老龄、胃肠疾病、肥育无效果。这些驴在头10～15天的预饲期中查明，剔出肥育群，经合理饲养后屠宰。

5. 自繁自养式肥育 是集驴的繁育和肥育为一体。零星农户养驴采用此种方式。而现代大规模生产需要形成一个完整的体系，要有驴的育种场、繁殖场、肥育场等，各负其责，不仅便于肉用驴专门化品系的选择、提高，也利于驴肉的高质量的标准化生产和效益进一步增强。

6. 异地肥育 本法也是一种高度专业化的肉驴生产方式。是指在自然和经济条件不同地区分别进行驴驹的生产、培育和架子驴的专业化肥育。这可以使驴在半牧区或产驴集中而经济条件较差的地区，充分利用当地的饲草、饲料条件，将驴驹饲养到断奶或1岁以后，转移到精饲料条件好的农区进行短期强度肥育后出售或屠宰。

异地肥育驴的选购，要坚持就近的原则，可减少驴的应激反应，减少体重消耗和运输费用，异地肥育驴的运输要注意安全，可根据不同的远近距离确定运输工具(即汽车、火车及船等)。对于近距离可以赶运。

驴运到后，要安置在清洁、清静的处所，加强饮水管理，防止在运途过程饥渴见水暴饮而受伤害，投给优质干草。管理上要加强观察、细心照料，消除运输途中造成的影响。

对异地肥育驴，应注意必须从非疫区引入，经兽医部门检疫，并且有检疫证明，对购入的驴最好要在装车前进行全身消毒和驱虫后方可引入场内。进场后仍应隔离于200～300米以外的地方，继续观察1个月左右，进一步确认健康后，再并群肥育。

异地肥育的好处是它可以缓解产驴集中的地区肉驴出栏时间长，精料不足、肥育等级低、经济效益低等问题和矛盾，可以加快驴的周转速度,搞活地区经济。

(四)肉用驴的快速肥育

供作肉用的食品动物,都必须在宰前进行肥育,而肥育时间不宜过长,所以要快速肥育。肉驴也是如此,通过肥育的驴,不仅可以增加体重,而且肌肉和肌间脂肪含量增加,驴肉的大理石状花纹明显,肉的嫩度、多汁性及香味都会有所改善。为了尽快地肥育,饲喂的营养物质必须高于维持和正常生长发育的需要。在不影响正常消化吸收的前提下,在一定范围内,给肥育驴的营养物质越多,所获得的日增重就越高,并且每单位增重所耗的饲料也越少,出栏时间越提前。如果希望获得含脂肪少的驴肉,则肥育前期日粮能量水平不能过高,而蛋白质数量应充分满足,到肥育后期再将能量水平提高一些,否则将会获得含脂肪过多的驴肉。

1. 驴驹的肥育 驴驹出生后,使其吃足初乳,15 天后即可诱导采食嫩草。1～2 月龄时,可将高粱、小米、大豆等粉碎后做粥,使其采食,每日可补料 150～200 克。随日龄增加,可渐增到 500 克料,到 6 月龄断奶时,补料量可达 1 000 克,至 9 月龄时,精料日喂量可达 3.5 千克,还应喂以优质青饲料或多汁饲料,饲料搭配要多样化。每日加盐和贝壳粉各 10～15 克,让其自由采食、饮水。

驴驹的年龄一般在 1～1.5 岁,这时是驴驹生长发育的一个高峰。肉用驴驹多为超过驴群补充和种驴出售计划的那部分驴驹作为肉用驴驹的选择除要重视遗传因素外,还要注意这些驴驹均应受到后天良好的培育。

驴驹肥育时间为 50～80 天,日粮可消化粗蛋白质水平应在 16%～18%。这一时期驴驹增重的主要部分是肌肉、内脏和骨骼。应给驴驹优质的饲草、饲料,日采食干物质总量应占体重的 2%以上。饲养上如不能做到自由采食,每天应比成年驴增加 1～2 次饲喂次数。

2. 成年架子驴的肥育　这种驴指的是年龄超过3～4岁，淘汰的公母驴和役用老残驴。这种驴肥育后肉质不如青年驴肥育后的肉质，脂肪含量高。饲料报酬和经济效益也较青年驴差，但经过肥育后，经济价值和食用价值还是得到了很大改善。

架子驴的快速肥育，要加强饲养管理。肥育时间在65～80天。可分为3段管理：

(1)过渡驱虫阶段　需经15天左右，此期间，其一，将肥育的驴按体质、体重、健康状况相近的架子驴分并成不同群，以便饲养管理；其二，让肥育的驴相互熟悉、了解环境，减少应激反应，逐渐恢复正常；其三，要观察驴群的状态，防止咬斗；还要观察个体健康状态，对驴群进行健康检查，实行健胃、驱虫，对公驴要实行去势等；其四，要注意优质草料的投给，饮水要科学，在喂草料时切忌饮水，一定要在饲喂草料以外的时间给以饮水。此期间要以粗料为主，精料少投为辅。

(2)肥育前阶段(肥育前期)　时间50(45～60)天左右，此期为肥育肉驴的关键阶段。要限制运动，日粮可消化蛋白质水平要提高到13%～15%，粗精料比例为6∶4左右；以后逐渐调整增加精料的比例，减少粗精比例。这阶段主要调整肥育驴对精料的逐渐适应能力，要防止消化不适、肚胀、腹泻，要避免粗精比例相等的情况出现，时间太长，影响消化率。本阶段主要是使粗精比例倒转为4∶6，为肥育后期打好基础。

(3)肥育后阶段(肥育后期)　一般为20天左右，目的是通过增加肌肉纤维之间的脂肪沉积量，来改善肉驴肉的品质，使之形成大理石状花纹的瘦肉。本阶段为强度肥育期，日粮浓度和数量均增加，尽量增加肉驴的采食量；精料比例可增加至70%～85%。同时，根据情况也可适当增加饲喂次数，以达到快速增重的目的。

(五)高、中档驴肉的生产——青年架子驴的肥育

这种驴的年龄为1.5～2.5岁。肥育期一般为5～7个月。2.5岁以前肥育应当结束,形成大理石状或雪花状的瘦肉。除自繁自养的驴外,对新引入的青年架子驴,因长途运输和应激强烈,体内严重缺水,所以要注意水的补充,投以优质干草,2周后可恢复正常。对这些驴要按强弱大小分群,注意驱虫和日常管理工作。饲喂方法分自由采食和限制饲喂两种。各有利弊,可酌情选用。

为生产高、中档驴肉,青年架子驴肥育期基本上也分3个时期,即过渡适应期与成年架子驴肥育相似,肥育期分为两个阶段,即生长肥育期和成熟肥育期,这样既可省料,又能获得理想肥育效果。

1. 生长肥育期 重点是促进架子驴的骨骼、内脏、肌肉的生长。要饲喂富含蛋白质和矿物质、维生素的优质饲料,使青年驴保持良好生长发育的同时,消化器官得到充分发育。此阶段能量饲料要限制饲喂,肥育时间为2～3个月。

2. 成熟肥育期 这一阶段饲养任务主要是改善驴肉品质,增加肌肉纤维间脂肪的沉积量。日粮中粗饲料比例不宜超过30%～40%,饲料要充分供给,以自由采食效果较好。肥育时间为3～4个月。

四、影响肉用驴肥育效果的因素

随着我国农村经济的不断持续发展,驴正由役用向多种用途转化,进行肉驴生产,已成为农民致富的一种新产业。所以,驴的肥育技术也成为肉驴生产中的重要环节。肥育就是用先进的技术、科学的方法进行肉驴的饲养管理,以较少的饲料和较低的成本在较短时间内获得较高的产肉量和营养价值高的优质驴肉产品。

肥育速度、饲料的利用效率和胴体品质受很多因素的影响，而且各种因素间又相互影响，相互关联。

(一)肉驴品种的影响

不同品种的驴在相同的饲养条件下，它们的生长速度、肥育性能、胴体品质、饲料的利用率也不相同。为了提高肥育效果，首先要了解各品种驴的生长发育和肥育性能，选择体型大、胸宽深的驴种，采取相应的肥育措施，才能获得满意的肥育效果。

(二)不同年龄的影响

不同年龄和体重的驴在肥育期间，对营养水平的要求不同，增重的内容和速度也不相同。例如，幼龄驴生长发育旺盛，增重的内容主要是骨骼、肌肉，此时对蛋白质的需求较多，对饲料品质要求较高。成年驴肥育时主要是增加脂肪，对饲料的能量水平要求较高。

随着年龄的增长，驴单位增重的饲料消耗增多，饲料利用效率降低。1.5～2.5 岁肥育的驴效果最好，经专家们测定，豆科牧草肥育 60 天，1.5 岁的驴平均日增重 633 克，4 岁的驴平均日增重为 377 克，而 12～15 岁的驴平均日增重为 127 克。0.5 岁的驴驹，虽然生长发育速度最快，但产肉少，利用不划算，经济效益不高，所以还应选择 1.5～2.5 岁的合适。抓紧肥育，掌握适时屠宰的时期，降低生产成本。

(三)环境温度的影响

对驴来说，适宜的环境温度为 16℃～24℃。适宜的温度对肉用驴肥育的影响，特别是表现在营养需要和日增重的影响非常大。驴在低温环境中，饲料利用率下降，而在高温环境中驴的呼吸次数增加，采食量减少，温度过高会导致停止采食，特别是肥育后期的驴膘较肥，高温危害更为严重。

季节对驴产驹也有很大影响。驴虽春、秋两季发情，但秋配的驴初生重、断奶重、生长发育、成活率和胴体品质都远不如春产驴驹，因而不主张配秋驴。希望驴驹产在每年 4～5 月份，这时气候条件、饲料条件都是最好时期。但对肉用驴生产来说，可以创造或改善条件，使秋产驴得以实现，增加肉驴生产的周转和生产量。肥育也是如此，严冬和酷暑对肥育不利，如能改善环境，实施全年连续生产，肥育也是可行的。所以，采取工厂化、集约化养驴生产，控制饲养环境是将来必走之路。

（四）饲料营养水平的影响

饲料的种类不同，会直接影响驴肉的品质，其营养的实质主要是能量和蛋白质的影响。饲料中有机物的含量及其质量决定饲料能量价值的高低，其中以粗纤维和粗脂肪的影响更为明显。粗纤维多能量就低。所以，肥育中要适当增加玉米、高粱、麦麸等含能量多的精料，才能获得高的日增重和优质肉的品质。饲料蛋白质供应不足时，驴的消化功能减退，生长缓慢、增重变慢，抗病能力减弱，会严重影响肉驴的健康和肥育。所以，驴肥育时，特别是幼驹肥育或肥育前期，驴的日粮中要给予足够的豆类、饼类、苜蓿草等蛋白质含量高的饲料。

添加剂的使用也很重要，一定要按国家规定去使用，因为有的添加剂虽然对动物保健、促生长和提高饲料的转化有促进作用，但抗生素、重金属化合物和某些激素类药物使用不当，会在肉中残留量超标，严重影响人的健康。因此，一定要使用国家允许的药物添加剂，并在肥育后期或宰前的规定时间内停止使用。

（五）杂交的影响

利用肉驴的杂交，可以使杂种在生长速度、饲料报酬和胴体品质等方面显示出杂种优势，在肉驴生产中，可以采取二元或三元杂交，配合相应的饲料条件来提高肉驴的生产潜力。

(六)适时出栏屠宰的影响

适时屠宰对肉驴生产是很重要的一环，直接影响肉驴生产效益和肉的品质，一定要选择最佳肥育结束期及时出栏，增加驴的周转量。

在正常肥育期肉驴采食量是有规律的，即绝对日采食量随肥育期的增重而下降，如下降量达到正常采食量的 1/3 或更少；或按活体重计算日采食量（以干物质为基础）下降到体重的 0.9%～1.1%或更少，这时已将达到最佳肥育结束期。而且，驴体格丰满，胸、肩脂肪以及脂肪沉积量的多少，是否厚实、均衡，可以确定及时屠宰。从膘情来看达一级膘情即可停止肥育出栏。

第七章　驴场的防疫卫生和疾病防治

一、驴场及圈舍的防疫卫生

驴的防疫措施很多,但最为重要的有 3 条:一是驴场和圈舍的建设要科学合理;二是增强驴的抗病能力;三是消灭传染病来源和传染媒介。“预防为主、防重于治”是畜牧业发展的总方针,只有搞好防疫卫生,才能有效地发挥饲养管理的作用,产生良好的经济效益。

(一)一般的防疫措施

1. 圈舍及环境卫生　驴场的选址和圈舍的建设,要符合家畜环境卫生学的要求。良好的环境条件,才能减少传染病的侵袭,才能加强驴体对疾病的抵抗能力,有利于它本身的生长发育。因此,驴场应选在地势较高、干燥,水源清洁方便,远离屠宰场、牲畜市场、收购站、畜产品加工厂以及家畜运输往来频繁的道路、车站、码头,并与居民区保持一定的距离,以避免传染源的污染。

驴要有良好的圈舍和运动场,冬季能防寒,夏季能防暑。驴耐寒性较差,在寒冷地区,防寒显得格外重要。厩床要平坦、干燥,厩舍采光要好。运动场要宽敞、能排水,粪尿要能及时清除。

饲料要清洁卫生,品质优良(多种多样,精、粗、多汁饲料合理搭配,满足各种驴的营养需要)。水源要清洁,水质要好。

2. 及时清扫和定期预防消毒　每天数次清扫粪尿,并堆积发酵,消灭寄生虫卵。对圈舍墙壁,每年用生石灰刷白,饲槽、水槽、用具、地面定期消毒,每年不少于 2 次。

3. 做好检疫工作，以防传染源扩散　在引进种驴、采购饲料和畜产品时，一定要十分注意，不可从疫区输入。对外地新进的种驴，应在隔离厩舍内隔离饲养 1 个月左右，经检疫健康者，才可合群饲养。

4. 实施预防接种，防止传染病流行　预防接种应有的放矢。要摸清疫情，选择有利时机进行。例如，春季对驴进行炭疽芽孢菌疫苗的预防注射，以预防炭疽病；用破伤风类毒素疫苗定期预防注射，以预防破伤风等。此外，还应向群众广泛宣传防疫的重要意义。

5. 定期驱虫　目前大多采用伊维菌素注射液（即内外虫螨净）进行防治畜禽体内外寄生虫病，效果较好。①用法用量：皮下注射量为 0.02～0.03 毫升；口服量为 0.03～0.04 毫升；外用按口服剂量涂擦患部，治疗螨病、癣病等。②只注射一次长期维持驱虫效果。③孕畜可用用量减半。④严禁大剂量使用。⑤含量规格为 5 毫升伊维菌素 50 毫克（5 万单位）。⑥休药期：肉 7 日，奶 7 日。⑦适应症：线虫、蛔虫、蛲虫、钩虫、旋毛虫、丝虫、肝片吸虫、姜片吸虫、脑多头幼虫、鼻蝇虫等内寄生虫病和螨、蜱、虱、蝇类幼虫等外寄生虫病。

（二）疫情发生后的防疫措施

1. 及时报告疫情　发生疫情应立即报告地方兽医机关。报告内容有：发病驴的性别、年龄、发病地区、头数、传播速度、一般病状、死亡情况、病理剖检变化等。

2. 隔离封锁　病驴要隔离安排饲养、治疗。隔离舍要在大群饲养舍的下风向。疫情发生后，应在上级兽医部门的指导下，对疫区道路实行严格封锁，关闭牲畜交易市场，严禁家畜流动。死驴要深埋，不得食用。

3. 彻底消毒，消灭病原　凡传染病污染的圈舍、运动场的地面、墙壁、用具、工作人员的工作衣帽、交通工具一律进行消毒。常用的消毒剂有1%～3%烧碱水、10%～20%石灰水、草木灰水、1%漂白粉、2%来苏儿等进行喷雾或浸泡。

4. 积极治疗病驴 对病驴要准确用药，及时和良好的护理。如治疗无效死亡，应在指定地点深埋和烧毁做好无害化处理，以免疫情蔓延和传播。

二、驴病的特点及诊断

(一)驴病的特点

驴与马是同属异种动物，因此驴的生物学特性及生理结构与马基本相似，但它们之间又有很大的差异，故在疾病的表现上也有不同。

驴所患疾病的种类，不论内科、外科、产科、传染病和寄生虫等病均与马相似，如常见的胃扩张、便秘、疝痛、腺疫等。由于驴的生物学特性所决定，其抗病能力、病理变化及症状等方面又独具某些特点。例如，疝痛的临床表现，马表现得十分明显，特别是轻型马，而驴则多表现缓和，甚至不显外部症状。驴对鼻疽敏感，感染后易引起败血症或脓毒败血症，而对传染型贫血有着较强的抵抗力。驴和马在相同情况下，驴不患日射病和热射病(而马不然)。当然，驴还有一些独特的易患的特异性疾病。

因此，在诊断和治疗驴病时，必须加以注意，不能生搬硬套马病的治疗经验，而应针对驴的特性加以治疗。

(二)驴病的临床诊断

驴病的诊断方法与其他家畜一样，即采用中兽医的望、闻、问、切和现代兽医学的视、触、听、叩及化验检查和仪器诊断等(凡兽医临床诊断学方面的有关知识和方法，均可应用）。这里重点谈一下健康驴和异常驴的行为表现，以便及早发现疾病，及时治疗。

1. 健康驴　不管平时还是放牧中，总是两耳竖立，活动自如，头颈高昂，精神抖擞。特别是公驴相遇或发现远处有同类时，则昂头凝视，大声鸣叫，跳跃并试图接近。健康驴吃草时，咀嚼有力，格格发响，如有人从槽边走过，鸣叫不已。健康驴的口色鲜润，鼻、耳热度温和，粪球硬度适中，外表湿润光亮，新鲜时草黄色，时间稍久变为褐色。被毛光润。时而喷动鼻翼，即打“吐噜”。俗话说“驴打吐噜牛倒沫，有病也不多”，这些都是健康驴的表现。

2. 异常驴　驴对一般疾病有较强的耐受力，即使患了病也能吃些草、喝点水，若不注意观察，待其不吃不喝、饮食欲废绝时，病就比较严重了。判断驴是否正常，还可以从平时吃草、饮水的精神状态和鼻、耳的温度变化等方面进行观察比较。驴低头耷耳，精神不振，鼻、耳发凉或过热，虽然吃点草，但不喝水，说明驴已患病，应及早诊治。

饮水的多少对判断驴是否有病具有重要的意义，驴吃草少而喝水不少，可知驴无病；若草的采食量不减，而连续数日饮水减少或不喝水，即可预知该驴不久就要发病。

如果粪球干硬，外被少量黏液，喝水减少，数日后可能要发生胃肠炎。饲喂中出现异嗜，时而啃咬木桩或槽边，喝水不多，精神不减，则可能发生急性胃炎。

驴虽一夜不吃，退槽而立，但只要鼻、耳温和，体温正常，可视为无病，黎明或翌日即可采食，饲养人员称之为“瞪槽”。驴病发生常和天气、季节、饲草更换、草质、饲喂方式等因素密切相关。因此，一定要按照饲养管理的一般原则和不同生理状况对饲养管理的不同要求来仔细观察，才能做到“无病先防，有病早治，心中有数”。

三、驴常见病的防治

(一)常见传染病的防治

传染病是由病原细菌或病毒引起的疾病,可从病畜传染给其他健畜。病原进入驴体内不立即发病,经在驴体内繁殖产生毒素,伤害神经和其他器官而发病。从感染到发病,这段时间称之为潜伏期。

1. 破伤风 破伤风又称强直症,俗称锁口风。是由破伤风梭菌经创伤感染后,产生的外毒素引起的人、畜共患的一种中毒性、急性传染病。其特征是驴对外界刺激兴奋性增高,全身或部分肌群呈现强直性痉挛。

破伤风梭菌的芽孢能长期存在于土壤和粪便中,当驴体受到创伤时,因泥土、粪便污染伤口,病原微生物就可能随之侵入,在其中繁殖并产生毒素,引发本病。潜伏期 1～2 周。驴体受到钉伤、鞍伤或去势消毒不严,以及新生驴驹断脐不消毒或消毒不严都极易传染此病;特别是小而深的伤口,而伤口又被泥土、粪便、痂皮封盖,造成无氧条件,则极适合破伤风芽孢的生长而发病。

【症 状】 由于运动神经中枢受病菌毒素的毒害,而引起全身肌肉持续的痉挛性的收缩。病初,肌肉强直常出现于头部,逐渐发展到其他部位。开始时两耳发直,鼻孔开张,颈部和四肢僵直,步态不稳,全身动作困难,高抬头或受惊时,瞬膜外露更加明显。随后咀嚼、吞咽困难,牙关紧闭,头颈伸直,四肢开张,关节不易弯曲。皮肤、背腰板硬,尾翘,姿势像木马一样。响声、强光、触摸等刺激都能使痉挛加重。呼吸快而浅,黏膜缺氧呈蓝红色,脉细而快,偶尔全身出汗,后期体温可上升到 40℃以上。

如病势轻缓,还可站立,稍能饮水吃料。病程延长到 2 周以上时，经过适当治疗，常能痊愈。如在发病后 2～3 天牙关紧闭，全身痉挛，心脏衰竭，又有其他并发症者，多易死亡。

【治　疗】 消除病原，中和毒素，镇静解痉，强心补液，加强护理，为治疗本病的原则。

(1)消除病原　清除创伤内的脓汁、异物及坏死组织，创伤深而创口小的需扩创，然后用 3%过氧化氢溶液或 2%高锰酸钾水洗涤，再涂 5%～10%碘酊。肌内注射青霉素、链霉素各 100 万单位，每日 2 次，连续 1 周。

(2)中和毒素　尽早静脉注射破伤风抗毒素 10 万～15 万单位，首次剂量宜大，每日 1 次，连用 3～4 次，血清可混在 5%葡萄糖注射液中注入。

(3)镇静解痉　肌内注射氯丙嗪 200～300 毫克，也可用水合氢醛 20～30 克混于淀粉浆 500～800 毫升内灌肠，每日 1～2 次。如果病驴安静时，可停止使用。

(4)强心补液　每天适当静脉注射 5%糖盐水，并加入复合维生素 B 和维生素 C 各 10～15 毫升。心脏衰弱时可注射维他康复 10～20 毫升。

(5)加强护理　要做好静、养、防、遛 4 个方面的工作。要使病驴在僻静较暗的单厩里，保持安静。加强饲养，不能采食的，常喂以豆浆、料水、稀粥等。能采食的，则投以豆饼等优质草料，任其采食。

要防止病驴摔倒，造成碰伤、骨折，重病驴可吊起扶持。对停药观察的驴，要定时牵遛，经常刷拭、按摩四肢。

【预　防】 主要是抓好预防注射工作和防止外伤的发生。实践证明，坚持预防注射，完全能防止本病发生。每年定期注射破伤风类毒素，每头用量 2 毫升，注射 3 周后可产生免疫力。有外伤要及时治疗，同时可肌内注射破伤风抗毒素 1 万～3 万单位，同时注射破伤风类毒素 2 毫升。

2. 驴腺疫 中兽医称槽结、喉骨肿。是由马腺疫链球菌引起的马、驴、骡的一种接触性的急性传染病。断奶至3岁的驴驹易发此病。

【症 状】其典型临床症状为体温升高,上呼吸道及咽黏膜呈现表层黏膜的化脓性炎症,颌下淋巴结呈急性化脓性炎症,鼻腔流出黏液。病驴康复后可终身免疫。

病原为马腺疫链球菌。病菌随脓肿破溃和病驴喷鼻、咳嗽排出体外,污染空气、草料、饮水等,经上呼吸道黏膜、扁桃体或消化道感染健康驴。该病潜伏期平均4～8天,有的1～2天。由于驴体抵抗力强弱和细菌的毒力、数量不同,在临床上可出现3种病型。

(1)一过型 主要表现为鼻、咽黏膜发炎,有鼻液流出。颌下淋巴结有轻度肿胀,体温轻度升高。如加强饲养,增强体质,则驴常不治而愈。

(2)典型型 病初病驴精神沉郁,食欲减少,体温升高到39℃～41℃。结膜潮红黄染,呼吸、脉搏增速,心跳加快。继而发生鼻黏膜炎症,并有大量脓性分泌物。咳嗽,咽部敏感,下咽困难,有时食物和饮水从鼻腔逆流而出。颌下淋巴脓肿破溃,流出大量脓汁,这时体温下降,炎性肿胀亦渐消退,病驴逐渐痊愈。病程为2～3周。

(3)恶性型 病驴由于抵抗力减弱,马腺疫链球菌可由颌下淋巴蔓延或转移而发生并发症,致使病情急剧恶化,预后不良。常见的并发症如体内各部位淋巴结的转移性脓肿,内部各器官的转移性脓肿以及肺炎等。如不及时治疗,病驴常因脓毒败血症而死亡。

【治 疗】本病轻者无须治疗,通过加强饲养管理即可自愈。重者可在脓肿化脓处擦10％樟脑酮、10％～20％松节油软膏、20％鱼石脂软膏等。患部破溃后可按外科常规处理。如体温升高,有全身症状,可用青霉素、磺胺治疗,必要时静脉注射。

加强护理。治疗期间要给予富于营养、适口性好的青绿多汁饲料和清洁的饮水。并注意夏季防暑，冬季保温。

【预　防】 对断奶驴驹应加强饲养管理，加强运动锻炼，注意优质草料的补充，增进抵抗力。发病季节要勤检查，发现病驹立即隔离治疗，其他驴驹可第一天给 10 克，第二、第三天给 5 克的磺胺拌入料中；也可以注射马腺疫灭活菌苗进行预防。

3. 流行性乙型脑炎　是由乙脑病毒引起的一种急性传染病。马属家畜（马、驴、骡）感染率虽高，但发病率低，一旦发病，死亡率较高。该病人、畜共患，其临床症状为中枢神经功能紊乱（沉郁或兴奋和意识障碍）。本病主要经蚊虫叮咬而传播。具有低洼地发病率高和在 7～9 月份气温高、日照长、多雨季节流行的特点。3 岁以下幼驹发病多。

【症　状】 潜伏期 1～2 周。起初的病毒血症期间，病驴体温升高达 39℃～41℃，精神沉郁，食欲减退，肠音多无异常。部分驴经 1～2 天体温恢复正常，食欲增加，经过治疗，1 周左右可痊愈。部分驴由于病毒侵害脑脊髓，出现明显神经症状，表现沉郁、兴奋或麻痹。临床可分为 4 型。

(1)沉郁型　病驴沉郁，呆立不动，低头耷耳，对周围的事物没反应，眼半睁半闭，呈睡眠状态。有时空嚼磨牙，以下颌抵槽或以头顶墙。常出现异常姿势，如前肢交叉、做圆圈运动或四肢失去平衡、走路歪斜、摇晃。后期卧地不起，昏迷不动，感觉功能消失。以沉郁型为主的病驴较多，病程较长，可达 1～4 周。如早期治疗得当，注意护理，多数可治愈。

(2)兴奋型　病驴表现兴奋不安，重者暴躁、乱冲、乱撞、攀爬饲槽、不知避开障碍物低头前冲，甚至撞在墙上或坠入沟中。后期因衰弱无力，卧地不起，四肢前后划动如游泳状。以兴奋为主的病程较短，多经 1～2 天死亡。

(3)麻痹型　主要表现是后躯的不全麻痹症状。腰萎、视力减退或消失、尾不驱蝇、衔草不嚼、嘴唇歪斜、不能站立等。这些病驴病程较短，多经 2～3 天死亡。

(4)混合型　沉郁，兴奋交替出现，同时出现不同程度的麻痹。

本病死亡率平均为 20%～50%，耐过此病的驴常有后遗症，如腰萎、口唇麻痹、视力减退、精神迟钝等症状。

【治　疗】　本病目前尚无特效疗法，主要是降低颅内压、调整大脑功能、解毒为主的综合治疗措施，加强护理，提早治疗。

(1)加强护理　专人看护，防止褥疮发生，加强营养，及时补饲或注射葡萄糖，维持营养。

(2)降低颅内压　对重病或兴奋不安的驴，可用采血针在颈静脉放血 800～1 000 毫升，然后静脉注射 25%山梨醇或 20%甘露醇注射液，每次用量按每千克体重 1～2 克计算。时间间隔 8～12 小时，再注射 1 次，可连用 3 天。间隔期内可静脉注射高渗葡萄糖液 500～1 000 毫升。在病的后期，血液黏稠时，还可注射 10%氯化钠注射液 100～300 毫升。

(3)调整大脑功能　有兴奋表现的驴，可每次肌内注射氯丙嗪注射液 200～500 毫克，或 10%溴化钠注射液 50～100 毫升，或安钠咖-溴化钠注射液50～100 毫升。

(4)强心　心脏衰弱时，除注射 20%～50%葡萄糖注射液外，还可以注射樟脑水或樟脑磺酸钠注射液。

(5)利尿解毒　可用 40%乌托品注射液 50 毫升 1 次静注，每日 1 次。膀胱积尿时要及时导尿。为防止并发症，可配合链霉素和青霉素，或用 10%磺胺嘧啶钠注射液静脉注射。

【预　防】　对 4～12 月龄和新引入的外地驴可注射乙脑弱毒疫苗，每年 6 月份至翌年 1 月份，肌内注射 2 毫升。同时，要加强饲养管理，增强驴的体质。做好灭蚊工作。及时发现病驴，适时治疗，并实行隔离医治。无害化处理病死驴的尸体，严格消毒、深埋。

4. 驴传染性胸膜肺炎(驴胸疫)　发病机制至今不清楚，可能是支原体或病毒感染引起。是马属动物的一种急性传染病。本病为直接或间接传染,多在1岁以上的驴驹和壮龄驴发生本病。多因驴舍潮湿、寒冷、通风不良、阳光不足和驴多拥挤而造成。全年发病,冬、春气候骤变较多发生。

【症　状】 本病潜伏期为10～60天,临床表现有2种。

(1)典型胸疫　本型较少见,呈现纤维素性肺炎或胸膜炎症状。病初突发高热40℃以上,稽留不退,持续6～9天或更长,以后体温突降或渐降。如发生胸膜炎时,体温反复,病驴精神沉郁、食欲废退、呼吸脉搏增加。结膜潮红水肿,微黄染。皮温不整,全身战栗。四肢乏力,运步强拘。腹前、腹下及四肢下部出现不同程度的水肿。

病驴呼吸困难,次数增多,呈腹式呼吸。病初流水样鼻液,偶见痛咳,听诊肺泡音增强,有湿性啰音。中后期流红黄色或铁锈色鼻液,听诊肺泡音减弱、消失,到后期又可听见湿性啰音及捻发音。经2～3周恢复正常。炎症波及胸膜时,听诊有明显的胸膜摩擦音。

病驴口腔干燥,口腔黏膜潮红带黄,有少量灰白色舌苔。肠音减弱,粪球干小,并附有黏液,后期肠音增强,出现腹泻、粪便恶臭,甚至并发肠炎。

(2)非典型胸疫　表现为一过型,本型较常见。病驴突然发热,体温达39℃～41℃。全身症状与典型胸疫初期同,但比较轻微。呼吸道、消化道往往只出现轻微炎症、咳嗽、流少量水样鼻液,肺泡音增强,有的出现啰音。若及时治疗,经2～3天后,很快恢复。有的仅表现短时体温升高,而无其他临床症状。非典型的恶性胸疫,多因发现太晚、治疗不当、护理不周所造成。

【治　疗】 及时使用新胂凡纳明(914),按每千克体重0.015克,用5%葡萄糖注射液稀释后静脉注射,间隔2～3日后,可行第二次注射。为防止继发感染,还可用青霉素、链霉素和磺胺类药物注射。此外，伴有胃肠、胸膜、肺部疾患的驴，可根据具体情况进行对症处理。

【预　防】 平时要加强饲养管理，严守卫生制度，冬、春季要补料，给予充足饮水，提高驴抗病力。厩舍要清洁卫生，通风良好。发现病驴立即隔离治疗。被污染的厩舍、用具，用2%～4%氢氧化钠溶液或3%来苏儿溶液消毒，粪便要进行发酵处理。

5. 鼻疽 是由鼻疽杆菌引起的马、驴、骡的一种传染病。临床表现为鼻黏膜、皮肤、肺脏、淋巴结和其他实质性器官形成特异的鼻疽结节、溃疡和瘢痕。人也易感此病。是国家规定的二类传染病。开放性及活动性鼻疽病畜，是传染的主要来源。鼻疽杆菌随病驴的鼻液及溃疡分泌物排出体外，污染各种饲养工具、草料、饮水而引起传染。主要经消化道和损伤的皮肤感染，无季节性。

驴、骡感染性最强，多为急性，迅速死亡。马多为慢性。因侵害的部位不同，可分为鼻腔鼻疽、皮肤鼻疽和肺鼻疽。前两种经常向外排菌，故又称开放性鼻疽，但一般该病常以肺鼻疽开始。

【症　状】 分急性、开放性和慢性鼻疽3种。

(1)急性鼻疽　体温升高呈弛张热，常发生干性无力的咳嗽，当肺部病变范围较大，或蔓延至胸膜时，呈现支气管肺炎症状，公驴睾丸肿胀。病的末期，常见胸前、腹下、乳房、四肢下部等处水肿。

(2)开放性鼻疽　由慢性转来。除急性鼻疽症状外，还出现鼻腔或皮肤的鼻疽结节，前者称鼻鼻疽，后者称皮肤鼻疽。鼻鼻疽的鼻黏膜先红肿，周围绕以小米至高粱米粒大的结节。结节破损后形成溃疡，同时排出含大量鼻疽杆菌的鼻液，溃疡愈合后形成星芒状瘢痕。患病侧颌下淋巴结肿大变硬，无痛感，也无发热。皮肤鼻疽以后肢多见，局部出现炎性肿胀，进而形成大小不一的硬固结节，结节破溃，形成溃疡，溃疡底呈黄白色，不易愈合。结节和附近淋巴肿大、硬固，粗如绳索，并沿着索状肿形成串珠状结节。发生于后肢的鼻疽皮厚，后肢变粗。

(3)慢性鼻疽　病驴瘦弱，病程达数月、数年。多由急性或开放性转来，也有一开始就是慢性经过的。驴特少见。

【诊　断】除临床症状外，主要采用鼻疽菌素点眼和皮内注射，必要时可做补体结合反应。

【治　疗】目前尚无有效疫苗和彻底治愈的疗法。即使用土霉素疗法(土霉素 2～3 克，溶于 15～30 毫升 5%氯化镁溶液中，充分溶解，分 3 处肌内注射，隔日 1 次)，也仅可临床治愈，但仍是带菌者。

【预　防】要做到每年春、秋两季的检疫，检出的阳性病驴要及时扑杀、深埋。

6. 流行性感冒(流感)　驴的流行性感冒是由一种病毒引起的急性呼吸道传染病。主要表现为发热、咳嗽和流水样鼻液。驴的流感病毒分为 A1、A2 两个亚型，二者不能形成交叉免疫。本病毒对外界条件抵抗力较弱，加热至 56℃，数分钟即可丧失感染力。用一般消毒药物，如甲醛、乙醚、来苏儿、去污剂等都可使病毒灭活，但病毒对低温抵抗力较强，在－20℃以下可存活数日，故冬、春季多发。

本病主要是经直接接触，或经过飞沫(咳嗽、喷嚏)经呼吸道传染。不分年龄、品种，但以生产母驴、劳役抵抗力降低和体质较差的驴易发病，且病情严重。临床表现有 3 种。

【症　状】分为一过型、典型型和非典型型。

(1)一过型　较多见。主要表现轻咳，流清鼻液，体温正常或稍高，过后很快下降。精神及全身变化多不明显。病驴 7 天左右可自愈。

(2)典型型　咳嗽剧烈，初为干咳，后为湿咳，有的病驴咳嗽时，伸颈摇头，粪尿随咳嗽而排出，咳后疲乏不堪。有的病驴在运动时，或受冷空气、尘土刺激后咳嗽显著加重。病驴初期为水样鼻液,后变为浓稠的灰白黏液,个别呈黄白色脓样鼻液。病驴精神沉郁,食欲减退,全身无力,体温高达39.5℃～40℃,呼吸增加。心跳加快,每分钟达60～90次。个别病驴在四肢或腹部出现水肿,如能精心饲养,加强护理,充分休息,适当治疗,经2～3天,即可体温正常,咳嗽减轻,2周左右即可恢复。

(3)非典型型　非典型型病症多因这均因病驴护理不好,治疗不当造成。如继发支气管炎、肺炎、肠炎及肺气肿等。病驴除表现流感症状外,还表现继发症的相应症状。如不及时治疗,则引起败血、中毒、心力衰竭而导致死亡。

【治　疗】　轻症一般不需药物治疗,即可自然耐过。重症应施以对症治疗,给予解热、止咳、通便的药物。降温可肌内注射安痛定10～20毫升,每日1～2次,连用2天。剧咳可用复方樟脑酊15～20毫升,或杏仁水20～40毫升,或远志酊25～50毫升。化痰可加氯化铵8～15克,也可用食醋熏蒸。

【预　防】　应做好日常的饲养管理工作,增强驴的体质,勿使过劳。注意疫情,及早做好隔离、检疫、消毒工作。出现疫情,舍饲驴可用食醋熏蒸进行预防,按每立方米3毫升醋汁,每日1～2次,直至疫情稳定。为配合治疗,一定要加强护理,给予充足的饮水和丰富的青绿饲料。让病驴充分休息。

7. 马传染性贫血　马传染性贫血(EIA,简称马传贫),是由反转录病毒科慢病毒属马传贫病毒引起的马属动物传染病。我国将其列为二类动物疫病。

【流行特点】　本病只感染马属动物,其中,马最易感,骡、驴次之,且无品种、性别、年龄的差异。病马和带毒马是主要的传染源。主要通过虻、蚊、刺蝇及蠓等吸血昆虫的叮咬而传染,也可通过病毒污染的器械等传播。多呈地方性流行或散发,以7～9月份发生较多。在流行初期多呈急性型经过,致死率较高,以后呈亚急性或慢性经过。

【临床特征】　本病潜伏期长短不一，一般为 20～40 天，最长可达 90 天。根据临床特征，常分为急性、亚急性、慢性和隐性 4 种类型。

(1)急性型　高热稽留。发热初期，可视黏膜潮红，轻度黄染。随病程发展逐渐变为黄白至苍白，在舌底、口腔、阴道黏膜及眼结膜等处，常见鲜红色至暗红色出血点(斑)等。

(2)亚急性型　呈间歇热。一般发热 39℃以上，持续 3～5 天退热至常温，经 3～15 天间歇期又复发。有的患病马属动物出现温差倒转现象。

(3)慢性型　不规则发热，但发热时间短。病程可达数月或数年。

(4)隐性型　无可见临床症状，体内长期带毒。是目前主要类型。

【病理变化】

(1)剖检变化

①急性型　主要表现败血性变化，可视黏膜、浆膜出现出血点(斑)，尤其以舌下、齿龈、鼻腔、阴道黏膜、眼结膜、回肠、盲肠和大结肠的浆膜、黏膜以及心内外膜尤为明显。肝、脾肿大，肝切面呈现特征性槟榔状花纹。肾显著增大，实质浊肿，呈灰黄色，皮质有出血点。心肌脆弱，呈灰白色煮肉样，并有出血点。全身淋巴结肿大，切面多汁，并常有出血。

②亚急性和慢性型　主要表现贫血、黄染和细胞增生性反映。脾中(轻)度肿大，坚实，表面粗糙不平，呈淡红色；有的脾萎缩，切面小梁及滤泡明显。淋巴小结增生，切面有灰白色粟粒状突起。不同程度的肝肿大，呈土黄色或棕红色，质地较硬，切面呈豆蔻状花纹(豆蔻肝)。管状骨有明显的红髓增生灶。

(2)病理组织学变化　主要表现为肝脏、脾脏、淋巴结和骨髓等组织器官内的网状内皮细胞明显肿胀和增生。急性病例主要为组织细胞增生，亚急性及慢性病例则为淋巴细胞增生，在增生的组织细胞内，常有吞噬的铁血黄素。

【实验室诊断】 马传贫琼脂扩散试验(AGID)、马传贫酶联免疫吸附试验(ELISA)。

【防 治】 无特效疗法。每年定期检疫净化。外购马属动物调入后，必须隔离观察30天以上，并经当地动物防疫监督机构血清学检查，确认健康无病，方可混群饲养。

8. 炭疽病 炭疽病是由炭疽芽孢引起的一种人与动物共患的急性、热性、败血性传染病。

易感染动物主要是牛、马、羊、驴等草食动物。人类主要通过接触患病的牲畜，采食感染本病牲畜的肉类，吸入含有该菌的尘埃，以及接触污染的皮毛等畜产品而感染患病。人感染炭疽杆菌的临床病型有皮肤炭疽、肠炭疽、肺炭疽及炭疽性脑膜炎等。皮肤型易诊断治疗，肺炭疽、炭疽脑膜炎及肠炭疽诊断困难，症状严重，死亡率高。

【流行特点】 本病的主要传染源是病畜，当病畜处于菌血症时，可通过粪便、尿、唾液及天然孔出血等方式排菌，如尸体处理不当，会造成大量菌散播周围环境，污染土壤、水源或牧场，尤其形成芽孢后可能成为长久的疫源地。

感染途径主要通过采食污染的饲料、饮水经消化道感染，经呼吸道和吸血昆虫感染的可能性也存在。人的感染主要发生于与动物和畜产品接触较多的人员，本病常呈地方性流行，干旱、多雨、洪水涝积、吸血昆虫多都是促进炭疽病暴发的因素。例如，干旱季节，地面草短，放牧时易接近受污染的土壤；大雨洪水泛滥，易使沉积在土壤中的芽孢泛起，并随水流扩大污染范围，7～9月份是炭疽发病的高峰期。从外疫区输入病畜产品，如骨粉、皮革、羊毛等也常引起本病的暴发。

【炭疽的致病性及危害】 炭疽杆菌的荚膜与炭疽毒素是主要

的致病物质。荚膜具有抗吞噬作用，有利于细菌在肌体组织内繁殖与扩散。炭疽毒素的毒性作用主要是直接损伤微血管的内皮细胞，使血管通透性增加，有效循环血量不足，微循环灌注量明显减少，血液呈高凝状态，易形成感染性休克和弥散性血管内凝血。

(1)对动物的致病性　主要引起草食动物感染发病，通常多发生于春、夏季节，主要是在被污染的牧场上采食含炭疽杆菌芽孢的饲料、饮水而发生，牛、羊最易感，马、猪次之。炭疽杆菌进入易感动物体内随淋巴进入血流繁殖，引起败血症。

(2)对人的致病性

①皮肤炭疽　最常见。病菌从皮肤小伤口进入体内，经 12～36 小时局部出现小疖肿，随后形成水疱、脓肿，最后中心形成炭色坏死焦痂。病人有高热、寒战，轻者 2～3 周自愈，重者败血症死亡。

②肺炭疽　吸入炭疽芽孢所致，多发生于毛皮加工人员。初期感冒症状，之后发展成严重的支气管肺炎及全身中毒症状，2～3 天死于中毒性休克。

③肠炭疽　因食入未煮透的病畜肉制品所致，如牛、羊肉串等。有连续性呕吐、便血和肠麻痹，2～3 天死于毒血症。

肺炭疽和肠炭疽可发展为败血症，常引起急性出血性脑膜炎而死亡。

(3)禁止解剖检查　本病禁止剖检，一般采集末梢血液或脾脏，进行涂片、染色、镜检，或炭沉试验等方法进行快速诊断。

(二)常见寄生虫病的防治

1. 马胃蝇(蛆)病　本病是马、骡、驴常见的慢性寄生虫病。病原是马胃蝇蛆(幼虫)。主要寄生在驴胃内，感染率比较高。马胃蝇生命周期为 1 年。整个周期要经过虫卵、蛆、蝇、成虫等 4 个阶段。成虫在自然界中只能生活数天，雌蝇与雄蝇交尾后，雄蝇很快死亡。雌蝇将卵产于驴体表毛被上，当驴啃咬皮肤时，幼虫经口腔侵入胃内而继续发育。翌年春末夏初第三期幼虫完全成熟，随粪便排出体外，在地表化为蛹和成虫。马胃蝇以口钩固着于黏膜上，刺激局部发炎，形成溃疡。

【症　状】 由于胃内寄生大量的马胃蝇刺激局部发炎形成溃疡，使驴食欲减退、消化不良、腹痛、消瘦。幼虫寄生在驴肠和肛门引起奇痒。

【治　疗】 常用精制敌百虫，按每千克体重用0.03～0.05克，配成5%～10%水溶液内服，对敌百虫敏感的驴可出现腹痛、腹泻等副作用。也可皮下注射1%硫酸阿托品注射液3～5毫升，或肌内注射解磷啶，每千克体重用20～30毫克抢救。

【预　防】 将排出带有蝇蛆的粪便，烧毁或堆积发酵；其次，要对新入群的驴应先驱虫；此外，还要在7～8月份，马胃蝇活动季节，每隔10天用2%敌百虫溶液喷洒驴体1次。

2. 疥螨病(疥癣) 本病是由疥螨引起的一种高度接触性、传染性的皮肤病。病原为最常见的疥螨(穿孔疥虫)和痒螨(吮吸疥虫)。它们寄生在皮肤内，虫体很小，肉眼看不见。

【症　状】 疥螨是寒冷地区冬季的常见病。病驴皮肤奇痒，出现脱皮、结痂现象。由于皮肤瘙痒，终日啃咬、摩墙擦柱、烦躁不安，影响驴的正常采食和休息，日渐消瘦。本病多发在冬、春两季。

【治　疗】 圈舍要保暖，用1%敌百虫溶液喷洒或洗刷患部。5日1次，连用3次。也可用硫磺粉和凡士林，按2∶5配成软膏，涂擦患部。病驴舍内用1.5%敌百虫喷洒墙壁、地面，杀死虫体。

【预　防】 这是防止本病的关键。要经常性刷拭驴体，搞好卫生。发现病驴，立即隔离治疗，以免接触传染。

3. 蛲虫病 该病原为尖尾线虫，寄生在驴的大结肠内。雌虫在病驴的肛门口产卵。虫体为灰白色和黄白色，尾尖细，呈绿豆芽状。

【症 状】 病驴肛门痒。不断摩擦肛门和尾部,尾毛蓬乱脱落,皮肤破溃感染。病驴经常不安,日渐消瘦和贫血。

【治 疗】 敌百虫的用法同治疗胃蝇蛆。驱虫同时应用消毒液洗刷肛门周围,清除卵块,防止再感染。

【预 防】 搞好驴体卫生,及时驱虫,对于用具和周围环境要进行经常性的消毒工作。

4. 蟠(盘)尾丝虫病 该病原有颈盘尾丝虫和网状盘尾丝虫2种。寄生在马属动物,特别是驴的颈部、鬐甲、背部,以及四肢的腱和韧带等部位。虫体细长呈乳白色。雄虫长25～30厘米,雌虫长达1米,胎生。微丝幼虫长0.22～0.26毫米,无囊鞘。本虫以吸血昆虫(库蠓或按蚊)作为中间寄主。

【症 状】 本病多为慢性经过,患部出现无痛性、坚硬的肿胀,或用手指按压时,留有指印。在良性经过中,肿胀常能经1～2个月慢慢消散。如因外伤和内源性感染,患部软化,久而久之,破溃形成瘘管,从中流出脓液,多见于肩和鬐甲部。四肢患病时,则可发生腱炎和跛行。诊断此病可在患处取样,经培养后可在低倍显微镜下镜检微丝幼虫。

【治 疗】 在皮下注射海群生,每千克体重80毫克,每日1次,连用2天;还可静脉注射稀碘液(1%鲁格氏液25～30毫升,生理盐水150毫升),每日1次,连续4天为1个疗程,间隔5天,进行第二个疗程。一般进行3个疗程。患部脓肿或瘘管除去病变组织,按外伤处理。

【预 防】 驴舍要求干燥,远离污水池,防止吸血昆虫叮咬。

(三)常见消化系统疾病的防治

1. 口炎 口炎是驴口腔黏膜表层或深层组织的炎症。

【症 状】 临床上以流涎和口腔黏膜潮红、肿胀或溃疡为特征。按炎症的性质分为卡他性、水疱性和溃疡性3种。卡他性和溃疡性口炎是驴的常发病。

卡他性(表现黏膜)口炎,是由于麦秸和麦糠饲料中的麦芒机械刺激而引起的。此外,如采食霉败饲料,饲料中维生素 B_2 缺乏等也可导致发生此病。表现为口腔黏膜疼痛、发热,口腔流涎,不敢采食。检查口腔时,可见颊部、硬腭及舌等处有大量麦芒透过黏膜扎入肌肉。

溃疡性口炎主要发生在舌面,其次是颊部和齿龈。初期黏膜层肥厚粗糙,继而黏膜层多处脱落,呈现长条或块状溃疡面,流黏涎,食欲减退。多发生于秋季或冬季。幼驴多于成年驴。

【治　疗】　首先应消除病因,拔去口腔黏膜上的麦芒等异物,更换柔软饲草,修整锐齿等。治疗时可用1%盐水、或2%～3%硼酸、或2%～3%碳酸氢钠、或0.1%高锰酸钾、或1%明矾、或2%龙胆紫、或1%磺胺乳剂、或碘甘油(5%碘酊1份,甘油9份)等冲洗口腔或涂抹溃疡面。

2. 咽炎　是咽部黏膜及深层组织的炎症。临床上以吞咽障碍,咽部肿胀、敏感,流涎为特征。驴常见。引起咽炎的主要原因是机械性刺激,如粗硬的饲草、尖锐的异物,粗暴地插入胃管,或马胃蝇寄生。吸入刺激性气体以及寒冷的刺激,也能引发此病。另外,在腺疫、口炎和感冒等病程中,也往往继发咽炎。

【症　状】　由于咽部敏感、疼痛,驴的头颈伸展,不愿活动。口内流涎,吞咽困难,饮水时常从鼻孔流出。触诊咽部敏感,并发咳嗽。

【治　疗】　加强病驴护理。喂给柔软易消化的草料,饮用温水,圈舍通风保暖。咽部可用温水、白酒温敷,每次20～30分钟,每日2～3次。也可涂以1%樟脑酯、鱼石脂软膏,或用复方醋酸铅散(醋酸铅10克,明矾5克,樟脑2克,薄荷1克,白陶土80克)外敷。重症可用抗生素或磺胺类药物。

【预　防】　加强饲养管理,改善环境卫生,特别防止受寒感冒。避免给粗硬、带刺和发霉变质的饲料。投药时不可粗暴，发现病驴立即隔离。

3. 食管梗塞　由于食管被粗硬草料或异物堵塞而引起。临床上以突然发病和咽下障碍为特征。本病多发于驴抢食或采食时突然被驱赶而吞咽过猛而造成，如采食胡萝卜、马铃薯、山芋等时易发生。

【症　状】驴突然停止采食，不安，摇头缩颈，不断有吞咽动作。由于食管梗塞，后送障碍，梗塞前部的饲料和唾液，不断从口鼻逆出，常伴有咳嗽。外部视诊，如颈部食管梗塞，可摸到硬物，并有疼痛反应。胸部食管梗塞，如有多量唾液蓄积于梗塞物前方食道内，则触诊颈部食管有波动感，如以手顺次向上推压，则有大量泡沫状唾液由口、鼻流出。

【治　疗】迅速除去阻塞物。若能摸到，可向上挤压，并牵动驴舌，即可排出。也可插入胃管先抽出梗塞部上方的液体，然后灌服液状石蜡 200～300 毫升。或将胃管连接打气筒，有节奏打气，将梗塞物推入胃中。阻塞物小时，可灌适量温水，促使其进入胃中。民间治疗此病，是将缰绳短拴于驴的左前肢系部，然后驱赶驴往返运动 20～30 分钟，借颈肌的收缩，常将阻塞物送入胃中。

【预　防】饲喂要定时定量，勿因过饥抢食。如喂块根、块茎饲料，一是要在吃过草以后再添加；二是将块根、块茎切成碎块再喂。饼粕类饲料饲喂要先粉碎、泡透，方可饲喂。

4. 疝痛性疾病　这是一种以腹痛为主的综合征。中兽医称起卧症。临床上真性疝痛主要是指肠便秘（肠秘结、肠阻塞）、急性胃扩张、急性肠臌气、肠痉挛、肠变位等。至于其他带有腹痛症状的许多疾病，如急性胃肠炎、流产等引起的假性疝痛，不属于本病范围。疝痛在驴的消化道疾病中，发病率较高，约占驴病的 1/3，若治疗不及时或不当，死亡率也较高，经济上会造成重大损失。

5. 肠便秘　亦称结症。是由肠内容物阻塞肠道而发生的一种疝痛。因阻塞部位不同分为小肠积食和大肠便秘。驴以大肠便秘多见,占疝痛90%。多发生在小结肠、骨盆弯曲部,左下大结肠和右上大结肠的胃状膨大部,其他部位如右上大结肠、直肠、小肠阻塞则少见。

【症　状】 小肠积食,常发生在采食中间或采食后4小时,患驴停食,精神沉郁,四肢发软欲卧,有时前肢刨地。若继发胃扩张,则疼痛明显。因驴吃草较细,临床少见此病。

大肠便秘,发病缓慢,病初排便干硬,后停止排便,食欲退废。病驴口腔干燥,舌面有苔,精神沉郁。严重时,腹痛呈间歇状起伏,有时横卧,四肢伸直滚转。尿少或无尿,腹胀。小肠、胃状膨大部阻塞时,大都不胀气,腹围不大,但步态拘谨沉重。直肠便秘,病驴努责,但排不出粪,有时有少量黏液排出。尾上翘,行走摇摆。

本病多因饲养管理不当和气候变化所致,如长期喂单一麦秸,尤其是半干不湿的红薯藤、花生秧,最易发病。饮水不足也能引发此病。喂饮不及时,过饥过饱、饲喂前后重役,突然变更草料,加之天气突变等因素,使机体一时不能适应,引起消化功能紊乱,也常发生此病。

【治　疗】 首先应着眼于疏通肠道,排除阻塞物。其次是止痛止酵,恢复肠蠕动。还要兼顾由此而引起的腹痛、胃肠臌胀、脱水、自体中毒和心力衰竭等一系列问题。要根据病情灵活地应用通(疏通)、静(镇静)、减(减压)、补(补液和强心)、护(护理)的综合治疗措施。而实践中,从直肠入手,隔肠破结,是行之有效的方法。

直肠减压法。采用按压、握压、切压、捶结等疏通肠道的办法,可直接取出阻塞物。该操作术者一定要有临床经验,否则易损伤肠管。

内服泻剂。小肠积食可灌服液状石蜡200～500毫升,加水200～500毫升。大肠便秘可灌服硫酸钠100～300克,以清水配成2%溶液1次灌服;或灌服食盐100～300克,亦配成2%溶液;

亦可服敌百虫5～10克，加水500～1 000毫升。在上述内服药物中加入大黄末200克，松节油20毫升，鱼石脂20克，可制酵并增强疗效。

深部灌肠。用大量微温的生理盐水5 000～10 000毫升，直肠灌入。用于大肠便秘，可起软化粪便、兴奋肠管、利于粪便排出作用。对该病预防应针对以上的问题进行。

6. 急性胃扩张 驴的常见继发肠便秘形成的胃扩张，因贪食过多难以消化和易于发酵草料而继发的急性胃扩张，极少见到。

【症 状】 发生胃扩张后，病驴表现不安，明显腹痛，呼吸迫促，有时出现逆呕动作或犬坐姿势。腹围一般不增大，肠音减弱或消失。初期排少量软粪，以后排便停止。胃破裂后，病驴忽然安静，头下垂，鼻孔开张，呼吸困难。全身冷汗如雨，脉搏细微，很快死亡。驴由于采食慢，一般很少发生胃破裂。本病的诊断以插入胃管后可排除不同数量的胃内容物为诊断特征。

【治 疗】 采用以排除胃内容物、镇痛解痉为主，以强心补液、加强护理为辅的治疗原则。

先用胃管将胃内积滞的气体、液体导出，并用生理盐水反复洗胃。然后内服水合氯醛、酒精、甲醛温水合剂。在缺少药物的地方，可灌服醋、姜、盐合剂(分别为100毫升，40克和20克)。因失水而血液浓稠、心脏衰弱时，可强心补液，输液2 000～3 000毫升。对病驴要专人护理，防止因疝痛而造成胃破裂或肠变位。适当牵遛有助于病体康复。治愈后要停喂1日，以后再恢复正常。

7. 胃肠炎 是指胃肠黏膜及其深层组织的重剧炎症。驴的胃肠炎，各地四季均可发生。主要是饲养管理不当，过食精料，饮水不洁，长期饲喂发霉草料、粗质草料或有毒植物造成胃肠黏膜的损伤、胃肠功能的紊乱。用药不当，如大量应用广谱抗生素，尤其是大量使用泻剂，都易发生胃肠炎。此病的急性病例死亡率较高。

【症 状】 病的初期，出现似急性胃肠卡他的症状，而后精神沉郁，食欲废退，饮欲增加。结膜发绀，齿龈出现不同程度的紫红色。舌面有苔，污秽不洁。剧烈的腹痛是其主要症状。粪便酸臭或恶臭，并带有血液和黏液。有的病驴呈间歇性腹痛。体温升高，一般为 39℃～40.5℃。脉弱而快。眼窝凹陷，有脱水现象，严重时发生自体中毒。

【治　疗】 根本的环节是消炎。为排除炎症产物要先缓泻，才能止泻。为提高疗效，要做到早发现、早诊断、早治疗，加强护理，把握好补液、解毒、强心相结合的方法。治疗的原则是抑菌消炎，清理胃肠，保护胃肠黏膜，制止胃肠内容物的腐败发酵，维护心脏功能，解除中毒，预防脱水和增加病驴的抵抗力。病初用无刺激性的泻药，如液状石蜡 200～300 毫升缓泻；肠道制酵消毒，可用鱼石脂 20 克，克辽林 30 克；杀菌消炎用磺胺类或抗生素；保护肠黏膜可用淀粉糊、次硝酸铋、白陶土；强心可用安钠咖、樟脑；抗自体中毒，可用碳酸氢钠或乳酸钠，并大量输入糖盐水，以解决缺水和电解质失衡问题。

本病预防关键在于注意饲养管理，不喂变质发霉饲草、饲料。饮水要清洁。

8. 新生驹胎粪秘结 为新生驴驹常发病。主要是由于母驴妊娠后期饲养管理不当、营养不良，致使新生驴驹体质衰弱，引起胎粪秘结。

【症　状】 病驹不安，拱背，举尾，肛门突出，频频努责，常呈排便动作。严重时疝痛明显，起卧打滚，回视腹部和拧尾。久之病驹精神不振，不吃奶，全身无力，卧地，直至死亡。

【治　疗】 可用软皂、温水、食油、液状石蜡等灌肠，在灌肠后内服少量双醋酚酊，效果更佳。也可给予泻剂或轻泻剂，如液状石蜡或硫酸钠(严格掌握用量)。在预防上，应加强对妊娠驴的后期饲养管理。驴驹出生后，应尽早吃上初乳。

9. 幼驹腹泻 该病是一种常见病，多发生在驴驹出生 1～2

个月内。病驹由于长期不能治愈，造成营养不良，影响发育，甚至死亡，危害性大。本病病因多样，如给母驴过量蛋白质饲料，造成乳汁浓稠，引起驴驹消化不良而腹泻。驴驹急吃使役母驴的热奶，异食母驴粪便，以及母驴乳房污染或有炎症等原因，均可引起腹泻。

【症　状】　主要症状为腹泻，粪稀如浆。初期粪便黏稠色白，以后呈水样，并混有泡沫及未消化的食物。患驹精神不振、喜卧，食欲消失，而体温、脉搏、呼吸一般无明显变化，个别的体温升高。

如为细菌性腹泻，多数由致病性大肠杆菌所引起。病驹症状逐渐加重，腹泻剧烈，体温升高至40℃以上，脉搏疾速，呼吸加快。结膜暗红，甚至发绀。肠音减弱，粪便腥臭，并混有黏膜及血液。由于剧烈腹泻使驹体脱水，眼窝凹陷，口腔干燥，排尿减少而尿液浓稠。随着病情加重，幼驹极度虚弱，反应迟钝，四肢末端发凉。

【治　疗】　对于轻症的腹泻，主要是调整胃肠功能。重症应着重于抗菌消炎和补液解毒。前者可选用胃蛋白酶、乳酶生、酵母、稀盐酸、0.1%高锰酸钾和木炭末等内服。后者重症可选用磺胺脒或长效磺胺，每千克体重 0.1～0.3 克，黄连素每千克体重 0.2 克。必要时，可肌内注射庆大霉素。对重症幼驹还应适时补液解毒。预防上要搞好厩舍卫生，及时消毒。驴驹每天应有充足的运动。应喂给母驴以丰富的多汁饲料，限制喂过多的豆类饲料。防治患病幼驹要做到勤观察，早发现，早治疗。

（四）常见不育症的防治

1. 母驴不育症　母驴的不育是指到配种年龄的母驴，暂时或永久地不能受胎，通常称为不孕症。母驴不育原因很多，其中母驴生殖器官功能紊乱和生殖器官疾病，是母驴最常见的不育原因。因此，必须对不孕母驴进行全面检查。要了解病史，包括年龄、饲养管理情况、过去繁殖情况、是否患生殖器官疾病或其他疾病，以及公驴情况等。对母驴进行全身检查,阴道检查,直肠检查,对症施治。

2. 子宫内膜炎 这是母驴不孕的重要原因。造成炎性分泌物及细菌毒素危害精子,造成不孕和胚胎死亡。病原主要是大肠杆菌、葡萄球菌、双球菌、绿脓杆菌、副伤寒杆菌等。

【症　状】 母驴发情不正常,或是正常发情而不受胎。有时即使妊娠,也容易流产。母驴常从生殖道中排出炎性分泌物,发情时流出的更多。阴道检查时,可发现子宫颈阴道黏膜充血、水肿、松弛,子宫颈口略开张而不垂,子宫颈口周围或阴道底常积有炎性分泌物。重者有时伴有体温升高、食欲减退、精神不振等全身症状。慢性子宫内膜炎可分为黏液性、黏液脓性及化脓性子宫内膜炎。

【治　疗】 原则是提高母驴抵抗力,消除炎症及恢复子宫功能。

(1)改善饲养管理 平衡营养,加强管理,提高母驴身体抵抗力。

(2)子宫冲洗法 采用45℃～50℃温热药液冲洗,从而引起子宫充血,加速炎症消散。冲洗药液不超过500毫升,采用双流导管进行冲洗。对轻度慢性黏液性子宫内膜炎可在配种前1～2小时用温度40℃生理盐水、1%碳酸氢钠溶液250～500毫升冲洗子宫1次。也可在配种及排卵后24～48小时,用上述溶液冲洗子宫,排净药液后,注入抗生素溶液。对慢性黏液性子宫内膜炎,常用1%盐水或1%～2%盐、碳酸氢钠等溶液反复冲洗子宫,直到排出透明液为止。排除药物后向子宫内注入抗生素药液。对慢性黏液脓性子宫内膜炎,除上述方法外,还可用碘盐水(1%盐水1 000毫升加2%碘酊20～30毫升)3 000～5 000毫升反复冲洗,效果较好。

(3)药物注入法 常用青霉素120万单位或青霉素40万单位

及链霉素 100 万单位，溶剂为生理盐水或蒸馏水 20～30 毫升在子宫冲洗后注入。临床表明单纯向子宫内注入多种抗生素混悬油剂，而不冲洗子宫也有助于受胎。也可用碘制剂，即取 2%碘酊 1 份，加入 2～4 份液状石蜡中，加温到 50℃～60℃，注入子宫。

(4)刮宫疗法　对慢性隐性子宫内膜炎较为理想。还可用中医针灸和中药疗法。

3. 卵巢功能减退　本病包括卵巢发育异常、无卵泡发育和卵巢萎缩 3 种。常见的原因是饲养管理和使役不当。某些疾病也能并发此病。比如营养不良，生殖器官发育受到影响，卵巢功能自然减退，卵巢脂肪浸润，卵泡上皮脂肪变性，卵巢功能减退甚至萎缩，或者腐败油脂中毒，生殖功能遭受不良影响。饲料中缺乏维生素 A 和 B 族维生素，以及缺乏磷、碘、锰时，也对生殖功能影响较大。当母驴使役过度，可导致生殖器官供血不足，引起卵巢功能减退。母驴长期饲养在潮湿或寒冷厩舍内，并缺乏运动，早春天气变幻不定，外来母驴不适应当地气候等，都可以发生母驴卵巢功能降低，发情推迟，发情不正常或长期不发情。在配种季节里，气温突变，会使母驴卵泡发育受到影响，可能发生卵泡发育停滞及卵泡囊肿。生殖器官及全身疾病，均可引起卵巢功能减退及萎缩。

【症　状】 卵巢功能减退可分为以下几种类型。

(1)卵泡萎缩　发情征候微弱或无。直检可能触到卵巢有中等卵泡，闭锁不排卵。数日后检查卵泡缩小或消失，不形成黄体。

(2)排卵延迟　母驴发情延长，虽有成熟卵泡，但数日不排卵，最后可能排卵和形成黄体。

(3)无卵泡发育　母驴产后饲养管理失宜，膘情太差，而出现长期不发情。直检可发现卵巢大小正常，但无卵泡和黄体。

(4)卵巢萎缩　母驴长期不发情。卵巢缩小并稍硬，无卵泡及黄体。

【治　疗】 据病因和性质选择适当疗法。

(1)改善饲养管理　是本病治疗的根本。

(2)生物刺激法　将施行过输精管结扎术或阴茎扭转术的公驴,放入驴群,刺激母驴的性反射,促进卵巢功能恢复正常。

(3)隔乳催情法　对产后不发情的母驴,半天隔离,半天与驴驹一起,隔乳1周左右,卵巢中就能有卵泡开始发育。

(4)物理疗法　一为子宫热浴法,可用1%盐水或1%～2%碳酸氢钠液2 000～3 000毫升,加热至42℃～45℃,冲洗子宫,每日或隔日1次。同时,配合以按摩卵巢法有较好效果,6次以内即可见效。二为卵巢按摩法,隔直肠先从卵巢游离端开始,逐渐至卵巢系膜,如此反复按摩3～5分钟,连续数日,隔日1次,3～5次收效较好。

(5)激素疗法　一为促卵泡素,肌内注射200～400单位。二为促黄体素,肌内注射200～400单位,促进排卵。三为绒毛膜促性腺激素肌内注射1 000～3 000单位,注射1～2次见效。四为采孕马血清1 000～2 000单位,肌内注射,隔日1次,连续3次。五为雌激素制剂,如苯甲酸雌二醇肌内注射4～10毫升,已烯雌酚肌内注射20～25毫升。六为垂体前叶激素,驴每日1次,肌内注射1 000～3 000单位,连续注射1～3次。七为促黄体释放激素类似物,每日肌内注射50～60毫克,可连续用2～3次。还有用电针、中药治法等。

4. 卵巢囊肿　可分为卵泡囊肿和黄体囊肿2种。前者表现为不规律的频繁发情,或持续发情,后者则长期不表现发情。目前,此病因尚未清楚。初步认为与内分泌腺功能异常、饲料、运动、气候变化等有关。

【症　状】　持续发情和发情亢进。卵泡发育不正常。黄体囊肿,表现不发情,卵巢体积增大,囊肿直径可达5～7厘米,波动明显,触压有痛感。多次检查仍不发情可定为此病。

【治　疗】　早治早好,如果严重或两侧囊肿,发病时间长,囊肿数目多，治疗往往无效。治疗方法：

(1)*改善饲养管理* 改善饲养管理有利于驴恢复健康。

(2)*激素治疗法* 促黄体素，驴一次肌内注射200～400单位，一般在注射后4～6天囊肿即成黄体，15～30天恢复正常发情周期。若1周未见好转，第二次用药剂量应适当增加。其次是绒毛膜促性腺激素，每次静脉注射2 500～5 000单位或肌内注射5 000～10 000单位。三是促性腺激素释放激素，驴每次肌内注射0.5～1.5毫克。四是孕酮，驴每次肌内注射100毫克，隔日1次，可连用2～7次。五是地塞米松，驴每次肌内注射10毫克。还有中药、电针和囊肿穿刺法等。

5. 持久黄体 系指于分娩、胚胎早期死亡或排卵(未受精)之后，妊娠黄体或发情周期黄体的作用超过正常时间而不消失。持久黄体多发生在母驴胚胎早期死亡之后所产生的假孕期。饲料不足、营养不平衡、过度使役，都会引起持久黄体。子宫疾病和早期胚胎死亡，而未被排出体外时，也会发生持久黄体。

【症 状】 主要是母驴发情周期中断，出现不发情。直检可发现一侧卵巢增大。如果母驴超过了应当发情时间而不发情，间隔5～7天的时间，经过2次以上的检查，在卵巢上触摸到同样的黄体，而子宫没有妊娠变化时，即可确诊为持久黄体。

【治 疗】 首先是加强饲养管理，适当加强运动。对子宫有疾病时应及时治疗。母驴早期妊娠中断时，应及时采用生理盐水冲洗子宫，及时排出死亡的胚胎及其残余组织，消除母驴胚胎早期死亡后发生的假孕现象。但禁止用孕马血清和促性腺激素。

前列腺素及其合成的类似物是疗效显著的黄体溶解剂。目前，应用较多的是其类似物$PGF_{2\alpha}$，驴每次肌内注射2.5～5毫克。采用子宫内注入，效果更好，且可节省用量，每次用量为1～2毫克。一般注入1次后，2～3天即可奏效。必要时可间隔6～7天，重复应用1次。前列腺素用量过大，易引起腹痛、腹泻、食欲减退和出汗等副作用,但大多数经数小时可自行消失。

6. 公驴不孕症 公驴不育主要表现是不能授精,或精液质量低劣,不能使卵子受精。生殖器官疾病或全身性疾病,会导致公驴性欲不强或无性欲。公驴因感染病毒、细菌、原虫等,也能危害公驴繁殖力。引起公驴不育的主要疾病如下。

(1)睾丸炎及附睾炎 本病多来自外伤,尤其是挫伤。临床表现为阴囊红肿、增大、运步拘谨、体温升高、触诊有疼痛感。有的精索也发炎变粗。由于睾丸和附睾发炎,精子生成遭破坏。配种时炎症可加剧病情。治疗可使用复方醋酸铅散或其他消炎软膏。化脓可采用外科处理。全身疗法可选用抗生素药物。

(2)精囊炎 多继发于尿道炎,急性可出现全身症状,如行动小心、排便疼痛,并频做排尿姿势。直检可发现精液囊显著增大,有波动感,慢性的则囊壁变厚。其炎性分泌物在射精时混入精液内,使精液白颜色呈现浑浊黄色或含有脓液,并常有臭味,精子多数死亡。可采用磺胺类药物或抗生素治疗。

(3)膀胱颈麻痹 本病通常是先天性的。当射精时膀胱颈闭锁不全,尿液随精液流出。所以精液中含有尿液,使精子迅速死亡。此病可试用士的宁制剂皮下注射 10～15 毫克进行治疗。

(4)包皮炎 多由于包皮垢引起的炎症。影响采精,对患处要对症处理,定时用消毒液冲洗。

(5)阳痿 即公驴配种时性欲不旺盛,阴茎不能勃起。是由饲养管理不佳引起本病。此外,由于采精技术不良,龟头及阴茎疾病,体质衰弱,持久疼痛,都可引起阳痿。

治疗时应查明原因,采取适当措施,如改善饲养管理,改进采精技术,注意公驴的条件反射等。采用皮下或肌内注射丙酸睾丸素 100～300 毫克,隔日 1 次,连用 2～3 次。也可口服甲基睾丸素 0.3～0.9 克。由于脑垂体释放促性腺激素不足所引起的阳痿,可试用绒毛膜促性腺激素,每次皮下或肌内注射 1 000～10 000 单位，必要时可隔 3～5 日重复应用。也可试用孕马血清，每次皮下注射 4 000～6 000 单位。

(6)竖阳不射精　本病特征为公驴性欲正常，阴茎也能勃起，而且也能交配，但不射精或不能完成射精过程。本病多因外界环境刺激(如母驴踢、鞭打、喧哗等)而中断交配，或因种公驴神经过度兴奋，均可发生不射精的现象。此外，尿道炎等造成射精管道阻塞，也会影响射精。

治疗时应消除外界环境的影响，以及在管理和采精技术方面的原因，对过于兴奋的公驴要在配种前牵到安静处遛动，也可应用镇静剂，由疾病引起的应及时早治。

(7)精液品质不良　主要表现为无精子、少精、死精、精子畸形、活力不强等。此外，还有精液有脓、血、尿等。精液品质不良是公驴不育最常见的原因。

根据上述原因，要加强饲养管理，饲料要营养全价，微量元素、维生素、蛋白质要满足需要。此外，还要在人工授精、运动等多方面查找原因，有针对性地解决。

(五)常见外科病的防治

1. 创伤　是机械性外力作用驴体，致使驴的皮肤或黏膜的完整性发生破坏或组织形成缺损，而受伤部成为开放性损伤者，称为创伤。

【症　状】

(1)新鲜创　是创伤发生时间较短或在受伤时虽被污物、细菌污染，但还没有发生感染症状的创伤。其主要症状是出血、疼痛、创口哆开和技能障碍。急性大出血(超过总血量 40%以上)可出现贫血症状(可视黏膜苍白，脉搏微弱，血压下降，呼吸促迫，四肢发凉甚至休克而死亡)。

(2)化脓性感染创　是指有大量细菌进入创口内，出现化脓性炎症的创伤。临床表现为创缘及创面肿胀、疼痛、充血、局部温度增高等炎症反应，同时不断地从创口流出浓汁。当创腔深，而创口小或创口内存有异物时，则往往形成脓肿，或引起周围组织的蜂窝织炎。

【治　疗】

(1)新鲜创口的治疗步骤

①创伤止血　根据创伤发生的部位、种类及出血的程度，采用压迫、填塞、钳夹、结扎等止血方法，也可在创面撒布止血粉止血，必要时可以采用全身性止血剂，如维生素 K_3 注射液及安络血注射液等均可以。

②清洗创围和创面　先用灭菌纱布覆盖创口，剪去创围被毛，用温肥皂水将创围洗净，再以酒精棉球或稀碘酊棉球彻底清洁创围皮肤，然后用5%碘酊消毒。创围消毒后，除去覆盖纱布。处理创口的器械均须严格消毒。检查创内，用镊子除去浅表异物，用生理盐水或0.1%新洁尔灭液，反复洗涤创内，直至洗净为止，但不可强力冲灌，再用灭菌纱布轻轻地吸残存的药液和污物，但不可来回摩擦，以免引起疼痛、出血和损伤组织细胞。

③创伤外科处理　创口浅小，创面整齐，又无挫灭坏死组织的创伤，可不必进行外科处理；创口小而深，组织损伤严重的创伤，首先用外科剪扩大创口，修整创缘皮肤及皮下组织，消除创囊，再剪除破损肌肉组织，除去异物和凝血块。

④应用药物　对新鲜创口的治疗，主要是清除污染和预防感染。若外科处理彻底，创面整齐而又便于缝合时，可不必用药，也可撒布青霉素和链霉素粉，然后进行缝合。

⑤创口缝合　对无菌手术创或创伤发生后5小时以内，没有感染的新鲜创，经外科处理后迅速缝合，争取一期愈合；对有感染可疑或有深创囊的创伤，通常在其下角留一排液口，并放入消毒纱布条引流；对有厌氧性及腐败性感染可疑的创伤，不缝合而任其开

放，经 4～7 天后排除感染危险时，再做延期缝合；若创口裂开过大不能全部缝合时，可于创口两端，施以数个结节缝合，中央任其开放，用凡士林纱布覆盖，在肉芽组织生长后，再做后期缝合，或进行皮肤移植术；当组织损伤严重或不便于缝合时，可用开放疗法。

⑥外伤绷带包扎　用 2 层纱布中间夹有棉花的灭菌绷带覆盖全部创面，四肢用卷轴带或三角巾固定，其他部位可用胶绷带，也可用鱼石脂涂布创围以粘固纱布包扎。

(2)化脓性感染创的治疗步骤　清洗创围及创面同新鲜创。除去破碎的挫伤组织、凝血块及异物，扩大创口消除创囊，若创囊较大，而且囊底低下，应在其底部造一相对切口，以便引流。

当感染呈进行性发展，急性炎症现象明显，组织高度水肿，坏死组织被溶解，创间呈酸性反应，因毒素被吸收而呈全身中毒，这时应选用各种抗生素、磺胺制剂、高渗中性盐类（硫酸钠、硫酸镁、氯化钠）、奥氏液、碘仿醚合剂等。当坏死过程停止，创内出现健康肉芽组织，创伤进入组织修复期，这时主要是保护肉芽组织不受机械性损伤，并促进肉芽及上皮组织正常发育，加速创伤愈合，可选用磺胺乳剂（氨苯磺胺 5 克、鱼肝油 30 毫升、蒸馏水 65 毫升）、魏氏流膏（松馏油 3 克、碘仿 5 克、蓖麻油 100 毫升）、鱼肝油及凡士林的等份合剂，以及碘仿、鱼肝油等。

2. 蜂窝织炎　蜂窝织炎是皮下、筋膜下或肌间等疏松结缔组织内发生的急性、弥漫性化脓性炎症。在疏松结缔组织中形成浆液性、化脓性或腐败性渗出物，病变易扩散，向深部组织蔓延，并伴有明显的全身症状。

本病主要致病是溶血性链球菌和葡萄球菌，较少见于腐败菌感染。一般可原发与皮肤和软组织损伤的感染，也可继发于邻近组织或器官化脓性感染的扩散，或经淋巴、血液的转移。有时疏松结缔组织内误注或漏入强刺激性药物也可引起。

【症　状】　蜂窝织炎的临床症状，一般是明显的局部增温，剧烈疼痛，大面积肿胀，严重的功能障碍，体温升高至 39℃～40℃，精神沉郁，食欲减退。但由于发病部位不同，其临床特点亦不同。

(1)皮下蜂窝织炎　常发生在四肢或颈部皮下。

(2)筋膜下蜂窝织炎　常发生在鬐甲、背腰部、小腿部、股间筋膜和臂筋膜等处筋膜下的疏松结缔组织。

(3)肌间蜂窝织炎　常发生在前臂部及小腿以上，特别是臂部的肌间及疏松结缔组织。由于开放性骨折、火器伤、化脓性关节炎、化脓性腱鞘炎等所引起，多继发于皮下或筋膜下的蜂窝织炎，损伤肌组织、神经组织和血管。

【治　疗】 必须采取局部和全身疗法并重的原则。

(1)局部疗法　首先要彻底处理引起感染的创伤。病初未出现化脓时，采取药物温敷，局部脓肿不见消退且体温仍高时，应将患部切开，减轻内压，排出炎性物，未化脓前则在疼痛明显处动刀，要避开神经、血管、关节及腱鞘等。切开后排除脓汁、清洗创腔，选用适当药物引流，以后可按化脓感染创治疗。

(2)全身疗法　早用磺胺类药物、抗生素以及普鲁卡因封闭方法以控制感染。对动物加强饲养管理，给以全价饲料营养。

3. 脓肿　在任何组织或器官内出现脓汁积聚，周围有完整的脓膜包裹者，称为脓肿。发病原因是葡萄球菌、链球菌、大肠杆菌、化脓棒状杆菌、绿脓杆菌等，它们经皮肤或黏膜的很小伤口进入机体而引起的脓肿；还可以从远处的原发感染灶，经血液、淋巴液转移而来；再就是注射时不遵守无菌操作或误注、漏注于组织内强刺激性药物引起脓肿。

【症　状】

(1)浅在性脓肿　发生在皮下结缔组织内，初期热、痛、肿明显。肿胀呈弥漫性，逐渐形成脓疱，破后排出脓汁。

(2)深在性脓肿　常发生与深筋膜下或深部组织中，由于有较厚的组织覆盖，局部肿胀常不明显，而患部的皮肤及皮下组织有轻微炎性水肿。触诊有指压痕及明显疼痛,穿刺可诊断。

【治　疗】 初期局部热敷疗法,涂布5%碘酊、雄黄散等。必要时可应用抗生素、磺胺制剂疗法。当形成脓肿成熟后,应切开排脓。处理办法同前。

4. 骨折 骨的完整性和连续性遭到破坏,称为骨折。主要是由于机械性外力而引起的。一是直接外力,如打、压、踢、撞、挤等。二是间接外力引起的,如滑倒、外力通过杠杆力等。三是肌肉突然收缩。四是某些疾病,如骨髓炎、骨疽、佝偻病、骨软症等。

【症　状】 病驴剧烈疼痛,肘后、股内侧常出汗,有压痛,患部肿胀,不能屈伸、移动,手触摸骨异样,X线透视确诊。

【治　疗】 出血时要用绷带包扎止血,伤口涂碘酊,创内撒布碘仿磺胺粉(1∶9),并用绷带包扎。可用木板、竹片等物固定断端。可注射强心、镇痛剂或输液。要正确复位,进行合理固定,增加营养,保证功能尽快恢复。

5. 关节扭伤 是关节扭伤和关节挫伤的总称。是由于滑走、跌倒、急转弯、一肢踏嵌洞穴而急拔出,或因遭打击、冲撞等外力作用,使关节韧带和关节囊或关节周围软组织发生非开放性损伤。严重病例还可损伤关节软骨和骨端。

【症　状】

(1)球关节扭挫　轻症时局部肿、痛均较轻,呈轻度肢跛。重症时站立检查,球节屈曲,系部直立,足尖着地。运步时球节屈曲不完全,以蹄尖着地前进,呈中度支跛或以支跛为主的混合跛行。触诊疼痛剧烈,肿胀明显。

(2)跗关节扭挫　站立时跗关节屈曲并以蹄尖轻轻着地。运动时呈轻度或中度混合跛行。压迫跗关节受伤韧带时,可发现疼痛或肿胀。重症时常在胫关节囊中出现浆液性渗出物,并发浆液性关节炎,有时可继发变形性关节炎或跗关节周围炎。

【治　疗】 受伤初期,可用压迫绷带或冷却疗法以缓和炎症。

为了促淤血迅速消散，可改用温热疗法，若关节内积聚多量的血液不能吸收时，可行关节腔穿刺。疼痛剧烈者可肌内注射30%安乃近20～40毫升、安痛定20～50毫升等。为防感染可用青霉素和磺胺疗法。

若关节韧带断裂，特别有关节内骨折可疑时，应尽可能地装固定绷带。当局部炎症转为慢性时，可用碘樟脑醚合剂(碘片20克、95%酒精100毫升、乙醚60毫升、精制樟脑20克、薄荷脑3克、蓖麻油25毫升)，在患部涂擦5～10分钟，每日2次，连用5～7天。

6. 浆液性关节炎 本病又称关节滑膜炎，是关节囊滑膜层的渗出性炎症。多见于跗关节、膝关节、球关节和腕关节。

【症　状】

(1)浆液性跗关节炎　关节变形，出现3个椭圆形的肿胀凸出的柔软而有波动的肿胀，分别位于跗关节的前内侧胫骨下端的后面和跟骨前方的内、外侧。交互压迫这3个肿胀时，其中的液体来回流动。急性期热、肿、痛显著，跛行明显。

(2)浆液性膝关节炎　站立时患肢提举并屈曲，或以蹄尖着地，中度跛行。发病关节粗大，轮廓不清，特别是三条膝直韧带之间的滑膜盲囊最为明显。触诊有热、痛和波动。当集聚黏液时而形成黏液囊肿，常波及股胫关节腔。

(3)浆液性球关节炎　在第三掌骨(跖骨)下端与系韧带之间的沟内出现圆形肿胀。当屈曲球节时，因渗出物流入关节囊前部，肿胀缩小，患肢负重时肿胀紧张。急性经过时，肿胀有热痛，呈明显支跛。

【治　疗】 急性炎症初期应用冷却疗法，装压迫绷带或石膏绷带，可以制止渗出。炎症缓和后，可用温热疗法，或装着湿性绷带(如饱和盐水湿绷带、鱼石脂酒精绷带等)，每日更换1次，对慢性炎症可反复涂擦碘樟脑醚合剂，涂药后随即温敷。

当渗出物不易吸收时，可用注射器抽出关节内液体，然后注入已加温的1%普鲁卡因注射液10～20毫升、青霉素20万～40万单位，并进行药敷。急、慢性炎症均可试用氢化可的松，在患部下数点注射或注入关节内。静脉注射10%氯化钙注射液100毫升，连用数日。

7. 蹄叶炎　又称蹄壁真皮炎，是蹄前半部真皮的弥漫性非化脓性炎症。前、后蹄均有发病的可能，单蹄发病则少见。本病以突然发病，疼痛剧烈，症状明显为特征。其病因尚不十分清楚。初步分析与下列因素有关。一是突然食入大量精料或难消化的饲料，缺乏运动，引起消化障碍，产生的毒素被肠吸收，导致血液循环功能紊乱而致。二是长期休息，突然重役，又遇风寒感冒等。三是蹄形不正，或装、削蹄不适宜而诱发。四是驴患流感、肺炎、肠炎及产后疾病时也可继发本病。

【症　状】

(1)急性期　两前蹄发病，站立时，两前肢伸向前方，蹄尖翘起，以踵着地负重，同时头颈抬高，体重心后移，拱腰，后躯下蹲，两后肢前伸于腹下负重。常想卧地。强迫运动时，两前肢步幅急速而小，呈时走时停的步样。重病时，卧地不起。两后蹄发病，站立时，头颈低下，躯体重心前移，两前肢尽量后踏以分担后肢负重，同时拱腰，后躯下蹲两后肢伸向前方，蹄尖翘起，以蹄踵着地负重。强迫运动，两后肢步幅急速短小，呈紧张步样。四蹄发病，无法支持站立，终因不能站立而卧倒。重病者长期卧地不起，指(趾)动脉搏动亢进，蹄温升高，蹄尖壁疼痛剧烈，肌肉震颤，体温升高(39℃～40℃)，心跳加快，呼吸促迫，结膜潮红。

(2)慢性期　急性蹄叶炎的典型经过，一般为6～8天，如不痊愈，则转为慢性。症状减缓。经久不愈的可出现蹄踵、蹄冠狭窄，有的则形成芜蹄，即蹄踵壁明显增高，蹄尖壁倾斜。整体变形。

【治　疗】　原则是消除病因，消炎镇痛，控制渗出，改善循环，防止蹄变形，采用普鲁卡因封闭疗法和脱敏疗法。清理胃肠，排除毒物,对消化障碍可服小剂量泻剂缓泻。

8. 蹄叉腐烂 是蹄叉角质被分解、腐烂,同时引起蹄叉真皮层的炎症。发病原因是厩舍不清洁、粪尿腐蚀、蹄叉过削、蹄踵过高、狭窄、延长蹄以及运动不足等妨碍蹄的开闭功能,使蹄叉角质抵抗力降低时,易发生本病。一般后肢发病较多见。

【症　状】 蹄叉角质腐烂,角质裂烂呈洞,并排出恶臭黑灰色液体。重者跛行,特别是在软地运动时跛行严重。当真皮暴露时,容易出血、感染,最后诱发蹄叉"癌"。

【治　疗】 消除发病原因,对症治疗。去除腐烂物,用3%来苏儿或双氧水彻底洗净,填塞高锰酸钾粉或硫酸铜粉和浸渍松馏油的纱布条后,装以带底的蹄铁。防止污泥潮湿。笔者认为填塞高锰酸钾粉对一般脓肿效果最好。

四、不同种类畜禽用药的参考量

(一)兽药的剂量

剂量是畜禽防治疾病时,用药的数量。药物剂量的大小与药物的作用有密切的关系;在一定的范围内,药物作用的强度,随剂量的加大而增强,但超过一定范围,则能引起畜禽发生中毒或死亡。反之,若剂量过小,则无治疗作用。

一般所说的剂量是指药物的治疗量,这个量是通过科学实验、兽医临床实践总结出来的。因此按规定剂量用药,疗效显著,较为安全。所以,各种药物的剂量,一般是指对成年动物所用的一次剂量,否则应另加说明。

药物治疗的安全度,决定最小治疗量与最小中毒量之间的距离,而距离越大,用药越安全。所以每种药物的治疗安全范围不同,有的宽,有的窄。因此有的较易中毒,对于安全范围小的药物,应用时必须特别注意。国家规定对于安全范围小的而毒性较大的药物定为剧毒药，并且规定了管理使用注意事项。毒、剧药以外的药称为普通药。

药物的治疗量适用于大多数病畜，但并不是一成不变的，要根据畜禽不同、疾病情况的轻重、缓急、体质强弱及环境条件等，进行全面考虑。但有的病畜对某些药物敏感，即使剂量很小，也可能发生剧烈反应，用药时必须注意，以防发生意外。所以要严格掌握影响药物剂量的主要因素、给药途径以及畜禽种类、年龄、体质情况等，科学、合理地用药施治。

（二）不同种类畜禽用药的剂量

畜禽用药大都按体重不同、品种不同，有不同的参考量，对于能够通用的药物可参见表 7-1 至表 7-3，有的药物则不然，如聚醚类抗生素的莫能菌素、盐霉素和拉沙洛西等，对马属动物（驴）为剧毒禁用药。盐霉素对火鸡也是剧毒禁用药。所以，药物在治疗，或作饲料添加剂的使用上，一定要绝对准确，并且要有的放矢，切不可误用或乱用。

表 7-1　不同种类畜禽用药大致比例参考量

种类与体重	药量比例	种类与体重	药量比例
马（体重 300 千克）	1	猪（体重 60 千克）	1/8～1/5
黄牛（体重 300 千克）	1～5/4	犬（体重 15 千克）	1/16～1/10
水牛（体重 500 千克）	1～3/2	猫（体重 1.5 千克）	1/32～1/20
驴（体重 150 千克）	1/3～1/2	兔（体重 3 千克）	1/25～1/15
羊（体重 40 千克）	1/6～1/5	禽（体重 1.5 千克）	1/40～1/20

表 7-2　不同年龄家畜用药量参考比例

畜类与年龄		参考比例	畜类与年龄		参考比例
马	3～19 岁	1	犬	6 个月以上	1
	20 岁以上	1/2～3/4		3～6 个月	1/2
	2～3 岁	1/2～1		1～3 个月	1/4
	1～2 岁	1/8～1/2		1 个月以下	1/16～1/8
	1 个月～1 岁	1/16～1/8	猪	10 个月以上	1
牛	3～4 岁	1		6～10 个月	3/4～1
	15 岁以上	1/2～3/4		3～6 个月	1/4～3/4
	2～3 岁	1/2～1		1～3 个月	1/8～1/4
	1～2 岁	1/8～1/2			
	1 个月～1 岁	1/16～1/8			
羊	1 岁以上	1			
	6～12 个月	1/4～1			
	1～6 个月	1/10～1/4			

表 7-3　不同投药途径与治疗量的用药比例关系

口　服	直肠投给	皮下注射	肌内注射	静脉注射	气管注射
1	3/2～2	1/3～1/2	1/3～1/2	1/4～1/3	1/4

第八章　驴肉及产品加工

自古以来，我国传统养驴业在人类社会经济的主导作用是役用，为人们的生活、生产提供动力。同时，驴肉一直是我国人民情有独钟的美食品，称为“天上龙肉，地上驴肉”。各地都有传统的驴肉美食和风味小吃。尤其是近些年来，人们生活水平不断提高，要求吃驴肉的愿望更加迫切，再加上我国农业机械化的发展，驴的动力功能逐渐转向肉用。

一、驴的屠宰和驴肉的保藏

(一)驴的屠宰

任何一批送宰的驴，驴场都要附上相关报表和兽医检疫学证明。交售屠宰的驴，其肉量可按驴的活重、将胃肠内容物打折扣或按屠宰后实际胴体重计算。一般凡距屠宰场100千米以内的，折扣为驴活重的1.5%；超过100千米的不打折扣。宰前要经过兽医对驴进行检查，有病的和瘦弱的送专门车间屠宰。

宰前要让驴休息24～48小时，这不仅可降低微生物对肉的污染，而且也可以降低肉的pH值，有利于肉的贮藏。此间，驴一定要在安静的环境中。宰前24小时停食，但要给充足的饮水。

屠宰的流程是：电击、吊挂放血（时间在10分钟以上）、剥皮、开膛摘取内脏、胴体修整、劈半、检验和加盖卫生防疫章等工序。

(二)驴肉的保藏

宰后24～36小时，将驴的胴体分割成半，再劈成1/4，在

－18℃～－20℃温度下，冷冻3昼夜，然后放入冰冻室，这样的驴肉可保藏半年左右。

一般宰后的驴肉都有一个后熟的过程，时间长短不一。这与驴的年龄、性别有关。一般驴肉在4℃条件下5天即成熟。需经过冷却→僵直→解僵→成熟的变化。

宰后6小时的新鲜驴肉pH值为6.3～6.6，三磷酸腺苷含量很高，这种驴肉仅可加工成香肠、灌肠，其产品的结合力和组织状况好。

宰后96～120小时，处于冷冻极限的驴肉处在僵直状态，系水力很低，不宜加工成高质量的肉制品。

宰后120～168小时，处于冷冻状态的驴肉，正在解除僵直，吸水力令人满意，完全适宜加工成食品。

宰后7～14天的驴肉，开始充分成熟，是加工成许多肉制品的良好原料。

二、驴肉制品的加工

驴肉加工的种类和方法多种多样，但与其他畜禽肉加工相比较，仍显得较少些，但从总的应用范围看比较广。现将驴肉制品作简要介绍。

(一)驴肉的腌腊制品

腌腊制品是畜禽肉品加工的一项重要技术，在我国应用历史很久，世界各国也普遍采用此种加工技术。我国的腌制品驰名中外，在明清两代时期，我国南方已有规模生产。所谓腌腊，就是将肉品用食盐、砂糖、硝酸盐和其他香辛料进行腌制，经过1个寒冬腊月，在低温条件下，使其自然风干成熟。腌腊制品在风干成熟过程中，脱掉大部分水，肉质由疏松变为紧密硬实。腌腊应用的硝酸盐，具有发色与抑菌作用，因而腌腊制品耐贮藏，色泽红白分明，肉味咸鲜可口，便于携带和运销，是馈赠、酬宾之佳品。其风味各地不同，如陕西、湖南、广东、浙江、四川等地的腊肉。现将陕西凤翔腊驴肉的加工方法介绍如下。

1. 原料肉　主要取腰、股、臀、背、颈、上膊、胫的大块肌肉和驴阴茎。

2. 腌制　取食盐（肉重的 6%～8%）和硝酸钠（肉重的 0.8%～1.2%）混匀，均匀擦入原料肉的表面。然后，一层肉一层硝盐叠加入缸。最后，在上面再撒一层硝盐。每 10 天翻缸 1 次，坯料上下变动，倒入另一缸中。30 天出缸时，肉剖面呈鲜艳玫瑰红色，手摸无黏感。

3. 挂晾　腌制好的肉，挂在露天自然风吹日晒干燥（温度不能高于 20℃），一般 7 天即可。手摸不黏，腌制的不良气味蒸发消散。

4. 压榨　将晾干后的肉块在加压机中压榨，压力由小到大，流出渗出液为准。时间 2～3 天。这样可使肉脱水，肌纤维间紧固。

5. 改刀　将大块肉切成 1.5～2.5 千克的小块，利于成品分割和炖煮时同时成熟，也利于调料配液的附着和吸收。

6. 烫漂　锅中水淹没肉，煮沸 10～15 分钟，强火加热，撇去汤中浮沫，然后翻肉块再煮沸 5～10 分钟，二次撇去浮沫；再次强火煮沸捞肉，去汤加新水重新煮。对驴钱肉，应将尿道从阴茎的海绵体肌中抽出。

7. 晾干　烫漂 3 次的肉，捞出放在晾板上（堆得不要过高）散热、晾至室温。

8. 配料　将白胡椒、肉桂、高良姜、草果、豆蔻、砂仁、荜拨、丁香作为上八味；花椒、桂皮、小茴香、荜拨、大茴香、干姜、草果、丁香为下八味，按一定的给量配成调料（根据各地口味来酌定其量）。

9. 炖煮 将调料用纱布包好，放入沸水中煮半小时，然后放入肉，强火、文火结合，先强火将肉炖沸，再用文火将肉炖熟。炖的时间长短，可用筷子扎试，或将肉剖开尝试，尝到肉熟，即表示已炖熟。这时，再用强火，待水煮沸，将肉捞出。

10. 上蜡 熟肉冷却后，放入驴油锅中（驴油中加少量香油）浸提几次，使其表面均匀涂上一层驴油，使肉块呈霜状颜色。油膜可防腐，油入肉可增强酥脆性和香味。

11. 腌腊制品的要求 （按国家标准 GB 2730—2005 执行）

(1)成品腊驴肉的感官指标 色泽透红、呈现出鲜红色，表面覆盖一层霜状物，肌肉切面呈玫瑰色或绯红色，形态完整，肉质致密结实，切面平整，气味浓香，味美可口，五香味，质密酥脆。钱肉更为珍贵，为“治诸虚百损，有强阴助阳之奇功”。腌腊肉中不允许有杂质、小毛、异物、血污等。不允许有异怪气味或臭味。

(2)理化指标 水分不得超过 25%；食盐不得超过 10%；酸价不得超过 4；亚硝酸盐每千克毫克数以亚硝酸钠计，不得超过 20。

(二)驴肉的干制品

驴肉的干制品与其他肉品干制一样，即在自然或人工控制条件下，促使肉中水分蒸发的一种工艺过程。肉中的水分降低的水平，能足以使其不能腐败变质为准。也是肉类贮存的一种方法之一。肉松、肉干的加工就是利用这种原理而为的。适用于长期贮存，便于行军、旅行携带等用途。

1. 驴肉松的配方及加工工艺

(1)配方 按 50 千克驴肉计，食盐 1 千克，红糟 1.2 千克，黄酒 1.2 千克，海米 1.2 千克，白萝卜 1.2 千克，酱油 1.8 千克，面粉 1.25 千克，花生油 1.5 千克，白糖 5 千克，大茴香 75 克，丁香 100 克，味精 150 克，大葱 250 克，生姜 250 克。

(2)加工工艺 将驴瘦肉修整干净后，用凉水浸泡，排出血水，切成5厘米的方块，投入凉水锅中烧沸后，撇净浮沫，放大盐1千克和辅料袋(包括：姜、葱、大茴香、丁香)、红糟、黄酒、海米、白萝卜、酱油、白糖，用旺火煮2小时，以肉丝能用手撕开为成熟。将浮油、沫子撇净。将驴肉捞出放入细眼绞肉机中绞碎，放在空锅中炒干，并将原煮锅内清过的卤汤全部倒入，约炒30分钟，使水蒸发为止。炒干后用细眼筛子过筛，将未散开的肉块(团)用手搓碎，以完全过筛。将面粉放入空锅内干炒约1.5小时，以面粉变黄为止，过筛仍为干粉状，再与经煮熟过筛后的驴肉混合炒，放精盐400克、白糖4.5千克，炒匀后放入味精，再炒匀过筛，将肉搓碎。过筛后将炼好的花生油和肉末共同放在锅内炒(花生油应随炒随放)，待花生油全部放入肉末后，继续炒2小时，出锅后再过筛即为成品，包装前应筛选除杂，剔除块、片、颗粒大小不合标准的产品。为使肉松进一步蓬松，可用擦松机，使其更加整齐一致。驴肉松的特点为红褐色，酥甜适口。

2. 驴肉干的加工

(1)原料肉的选择处理　取驴瘦肉除去筋腱，洗净沥干，然后切成0.5千克左右的肉块，总计100千克。

(2)水煮　煮至肉块发硬，捞出切成1.5厘米^{3}的肉丁。

(3)复煮　取原汤一部分，加入食盐、酱油、五香粉(分别为2.5～3千克、5～6千克、0.15～0.25千克)大火煮沸，汤有香味时，改为小火，放入肉丁，用锅铲不断翻动，直到汤干，将肉取出。

(4)烘烤　将肉丁放在铁丝网上，用50℃～55℃烘烤，经常翻动，以防烤焦。过8～10小时，烤到肉硬发干，味道芳香，则制成肉干。

(5)包装　用纸袋包装，再烘烤1小时，可防霉变，延长保质期。如包装为玻璃瓶或马口铁罐，可保藏3～5个月。

(6)干制品的要求　感官指标：色泽为制品应有的色泽，形状外形完整均匀、紧密。口味鲜香，无异味、无杂质。水分不得超过

20%。细菌总数每克不得超过30 000个;大肠杆菌每100克不得超过40个;致病菌不得检出。干制品应符合国家标准GB/T 23969—2009要求。

(三)驴肉的熏烤制品

熏烤制品本来又可分为熏制品和烤制品。熏制品是指用木材焖烤所产生的烟气进行熏制加工的一类食品;既可防腐,又可提高肉制品的风味。烤制品是经过配料、腌制,最后利用烤炉高温将肉烤熟的食品,也称为炉产品。制品经200℃以上的高温烤制,使表面焦化,产品具有特殊的香脆口味。

熏驴肉的配方与加工工艺:

1. 配方 按50千克驴肉计算,精盐5千克,硝酸钠25克,花椒粉50克,肉桂粉50克。

2. 加工工艺

(1)腌制 将驴肉切成2～4千克的肉条,用配料擦匀,逐条入缸,一层驴肉条,一层配料,最上层也撒一层配料。每天上、下互调,同时补撒配料,腌15～20天后,将肉条取出,用铁钩挂晾,离地50厘米以上。

(2)熏制 挖坑,坑中放松柏枝、松柏锯末,将驴肉条用铁钩挂在坑上面的横木上。点燃树枝、锯末,仅让其冒烟,坑上面盖好封严,熏1～2小时,待驴肉表面干燥,有腊香味,肉呈红色即可。熏好的驴肉放于阴凉通风处保存。

(3)煮食 将熏好的驴肉用温水洗净,放入锅中,加热高压煮熟(约20分钟),取出切片,装盘上桌。亦可把擀好的面切成二指宽、三指长的面片放沸水内煮熟,装盘,上放煮熟切好的肉片,然后把洋葱切丝,与煮肉的汤最后一起倒入盘中,即可上桌食用。熏驴肉是新疆地区驰名的风味食品,很受消费者欢迎。

(4)熏烤制品的要求 应具红褐色,形状整齐,外形完整,有弹性，切面平整。口味鲜香，味美无异味。不允许存在毛类，肉面清洁无血污。细菌总数每克不得超过 30 000 个，大肠杆菌每 100 克不准超过 70 个，致病菌不得检出。熏烤制品应符合国家规定标准 SB/T 10279—2008 和 GB/T 20711—2006 要求。

(四)灌制类产品

将驴肉或副产品切碎之后，加入调味品、香辛料均匀混合，灌装肠衣中，制成的肉类制品，总称为灌制类产品。食用方便宜于携带，保存时间较长。这类产品种类多，有中式的香肠和欧式的灌肠。无论在外形还是口味上都有明显区别。

1. 驴肉灌肠的配方与加工工艺

(1)配方　按 50 千克原料肉计算，驴肉 35 千克，猪膘 15 千克，食盐 1.5 千克，料酒 1 升，味精 50 克，胡椒粉 100 克，花椒粉 100 克，白糖 200 克，维生素 C 5 克，硝酸钠 25 克。

(2)加工工艺

①原料选择与整修　选用经卫生检验合格的鲜、冻驴肉及猪肉硬膘肉为原料。将驴肉用清水浸泡后，割除淤血、杂质。如选用驴肉的前、后腿，则修净碎骨、结缔组织及筋、腱膜等。

②绞肉、切丁　将选择修好的驴肉切成 500 克左右的肉块，用 1.3 厘米大眼箅子绞肉机绞出，把猪的硬膘肉用刀切成 1 厘米^3 的膘丁。

③腌制　将绞、切好的原料混合在一起，加入硝酸钠、食盐和所有的辅料，放入搅拌机内搅拌均匀后，放于容器内在腌制间，腌制 1～2 小时。腌制时间，随室温高低灵活掌握。

④灌制　将腌制好的馅，灌入口径为 38～40 毫米的猪肠衣中，肠衣一定要卫生干净。每根腊肠，以 15 厘米长度扎 1 节。串杆时要注意间距，避免过密而烤得不均匀。

⑤烘烤　烘烤温度为 55℃～75℃。烘烤 6 小时后，视其干湿

程度，再烘烤 4～6 小时。烘烤时要缓慢升温，不可高温急烤，要让水分逐渐蒸发干燥，肌肉缓慢收缩。待肠衣表面干燥、坚实、色泽红亮时，即可出炉晾凉为成品。

⑥质量要求　表面干爽，清洁完整，肉馅紧贴肠衣、为枣红色而光亮、肠体结实、气味醇香、口感甘香、鲜美。细菌总数每克不超过 30 000 个；大肠杆菌为每 100 克中不超过 40 个；无致病菌检出（致病菌指沙门氏杆菌、志贺氏菌、致病性葡萄球菌、自溶血性弧菌，检验哪种可据情而定）。

2. 驴肉肠的配方与加工工艺

（1）配方　按 50 千克驴肉计算，香油 3 千克，大葱 10 千克，硝酸钠 25 克，鲜姜 3 千克，精盐 3 千克，淀粉 30 千克，肉桂粉 200 克，花椒（熬水）200 克，红糖（熏制用）200 克。

（2）加工工艺　将驴肉放入清水中浸泡，以排出血水，切成 10 厘米方块肉，放入细眼绞肉机中绞碎后放入容器内，加入葱末、姜末、花椒水。再将淀粉的一部分用沸水冲成糊状，然后加入香油、淀粉、肉桂粉等辅料，与容器内的肉馅一起调匀，灌入干净的驴小肠内，两端用麻绳扎紧，长 40～50 厘米，放入 100℃的沸水锅内煮制 1 小时，然后熏制 25 分钟即为成品。驴肉肠的加工工艺，大体与北京粉肠的加工工艺相同。色泽呈红褐色，明亮光泽，有熏香味，风味独特。上述两种灌肠分别可采用中式和西式两种生产流程。产品要求，要符合国家卫生标准 GB 2726—2005 和 GB/T 5009.44—2003 规定。

（五）酱卤制品

此法是我国传统的一大类肉制品。其特点：一为成品都是熟的，可以直接食用；二是产品酥润，有的带有卤汁，不易包装贮藏，适于就地生产，就地供应。酱卤制品有两个主要过程：一是调味；二是卤制。调味依不同地区而异，如北方喜咸味就多加点盐，南方人喜吃甜味就多加点糖。通常有五香制品、红烧制品、酱汁制品、糖醋制品、卤制品等。

1. 五香驴肉(北京)的配方与加工工艺

(1)配方　按 50 千克驴肉计算,大茴香、豆蔻、料酒、陈皮各 250 克,高良姜 350 克,花椒、肉桂各 150 克,丁香、草果、甘草各 100 克,山楂 200 克,食盐 4～7 千克,硝酸钠 100～150 克。

(2)加工工艺

①腌制　将驴肉剔去骨、筋膜,并分割成 1 千克左右的肉块,进行腌制。夏季采用暴腌,即 50 千克驴肉,用食盐 5 千克,硝酸盐 150 克,料酒 250 毫升,将肉料揉搓均匀后,放在腌肉池或缸内,每隔 8 小时翻动 1 次,腌制 3 天即成。春、秋、冬季主要采用慢腌,每 50 千克驴肉用 2 千克盐,硝酸盐 100 克,料酒 250 毫升,肉下池后,腌制 5～7 天,每天翻肉 1 次。

②焖煮　将腌制好的驴肉,放在清水中浸泡 1 小时,洗净捞出放在案板上,控去水分。而后将驴肉、丁香、大茴香、花椒、豆蔻、陈皮、高良姜、肉桂、甘草和食盐 2 千克,放在老汤锅中,用大火煮 2 小时后,改用小火焖煮 8～10 小时,出锅即为成品。

③产品要求　同前。色佳味美,外观油润,内外紫红,入口香烂,余味长久。本产品要求标准为 GB/T 23586—2009。

2. 五香驴肉(河南周口)的配方与加工工艺

(1)驴肉的准备　采用无病的健康驴,适当肥育,宰前绝食4～5 天拴入温室,大量排汗,排出体内异味,然后给饮大量五料汤(水)(丁香、豆蔻、草果、辛夷等多种药材)宰后去骨和筋膜,分割成 1 千克大小的肉块,清水洗净。

(2)加工工艺

①腌制　50 千克驴肉,用硝酸钠 150 克、料酒 250 毫升、食盐 5 千克腌 20 天,每日翻肉 1 次。

②焖煮　暴火 2 小时后,改小火为大沸不见小沸不断,中间翻

花冒泡8～10小时，出锅即为成品。

(3)产品质量　肉闻喷香，入口肥烂，味厚无穷，1984年被评为河北省优质产品证明。质量要求标准以国家GB/T 23586—2009为准。

3. 北京酱驴肉的配方与加工工艺

(1)配方　按去骨驴肉50千克计算，大盐2.5千克，酱油2千克，硝酸钠25克，大葱500克，黄酒250克，丁香75克，肉桂150克，小茴香150克，山柰100克，白芷25克，鲜姜250克。

(2)加工工艺　将驴肉选修干净后，切成1～1.5千克重的肉块，放入清水锅中加入辅料袋(大葱、鲜姜一袋，丁香、肉桂、小茴香、山柰、白芷另装一袋)煮至大沸后放入大盐、硝酸钠，撇净血沫、杂质，盖上锅盖(锅盖要能直接压入汤内)煮至60分钟，其间翻锅2次。翻好锅后在锅内放入汤油盖住肉汤，再在锅盖上压上重物，然后把煮锅炉底封好火，焖6小时后取出，即为成品。产品标准符合国家标准GB/T 235486—2009。

4. 天津酱驴肉的配方与加工工艺

(1)配方　按50千克原料驴肉计算，食盐1.5千克，酱油1.5千克，大葱250克，鲜姜250克，大蒜250克，黄酒150克，硝酸钠25克。

香料袋是将花椒1.25千克，大茴香、金橘、陈皮、草果、白芷、小茴香、山柰、肉桂、豆蔻、丁香等各250克，混合配为香料。再以50千克原料驴肉，需香料150克计算，根据原料驴肉的实际重量，把每锅原料肉所需的香料做成一个香料包备用。煮锅内加入适量水，再加上述辅料和香料包熬成卤汤。

(2)加工工艺

①原料选择与修整　选用经卫生检验合格、营养状况良好、去骨的驴各部位的肌肉，修割干净，去掉腺体，切成2～3千克重的肉块备用。

②浸泡　将切好的肉块放入清水中，浸泡 5～6 小时，并洗净杂质、污物，析出血水。

③煮制　分浸锅和卤锅煮制。先将经过浸泡干净的原料肉放入 100℃的清水锅煮制，待水温升至 100℃以后，再持续煮制 1～2 小时，待原料肉煮透即可转入卤锅。卤汤可反复使用，陈卤汤质量更优，但必须在每煮一锅之前需增补不足的辅料和适量水。先将卤汤熬制 100℃，撇去杂质、浮沫，煮 3～4 小时，为使肉质熟透且煮得更快，锅内汤面浮油暂不撇去。如肉质很瘦，浮油过少，未形成油面时，还应添加卤油(即以前煮制时撇去的油)，以增加煮制效果。出锅前将锅内浮油撇去，倒入料酒，即可出锅。

煮制时间长短要适当掌握，对较嫩的或肉块较薄的原料肉，应随煮随出锅。相反，肉块较大、肉质较老的则需延长一些时间，熟透后再出锅。出锅后的驴肉，应检查有无余骨，并趁热剔除，晾凉后即为成品。

(3)质量要求　制品出锅后要检查驴肉中是否有余骨、杂物等，色泽、气味、口感等都应符合标准。质量标准要符合国家标准 GB/T 23586－2009。

(4)产品特点　肉质纯净，色呈褐红，清香柔嫩，风味独特。

5. 洛阳卤驴肉的配方与加工工艺

(1)配方　按 50 千克生驴肉计算，花椒、高良姜各 100 克，大茴香、小茴香、草果、白芷、陈皮、肉桂、荜拨各 50 克，肉桂、丁香、火硝各 25 克，食盐 3 千克，老汤、清水各适量。

(2)加工工艺

①制坯　将剔骨驴肉切成重 2 千克左右的肉块，放入清水中浸泡 13～14 小时(夏天时间短些，冬天长些)，浸泡过程，要翻搅、换水 3～6 次，以去血去腥，然后捞出晾至肉中无水。

②卤制　先在老汤中加入清水，煮沸撇去浮沫，水大沸时将肉坯下锅。待沸后再撇去浮沫，即可将辅料下锅。用大火煮 2 小时，

改用小火煮4小时。卤熟后浓香四溢，这时要撇去锅内浮油，然后将肉块捞出凉透即为成品。

③产品特点　酱红色，表里如一，肉质透有原汁佐料香味，肉烂香爽口，如加适量的葱、蒜、香油切片调拌，其味更佳，为洛阳特产。

④质量要求　产品质量要求以GB/T 23586—2009为准。

驴的内脏如心、肝、脾、肾、食管、胃、小肠、大肠、蹄筋都可用上述制法加工。均为可口的美味佳肴。此外，驴肉还可以制作罐头或真空包装等，制法不一一详述。

检验和贮藏：在55℃保温库中，保温检查7天，合格者贴商标装箱。贮藏的适宜温度为0℃～10℃，不可高于30℃。

三、驴肉及产品药用

驴的肉及其他产品或副产物用途自古以来应用很广，不仅是美味佳肴，而且可以做药膳，能调整人体营养平衡，有保健防病的功效。不少验方已入中药书典。《本草纲目》记载：驴分褐、黑、白三色，入药以黑者为良。驴肉：性味甘凉无毒，解心烦、止风狂，治一切风，安心气、补血益气，治元气劳损，疗痔引虫。驴头肉：治消渴，洗头风风屑；驴脂：敷恶疮疥鲜及风肿，滴耳治聋；驴血：利大小肠，润燥结，下热气；驴鞭：甘温无毒，强阴壮筋；毛：治头中一切风病；骨：牝驴骨煮汤汁服治多年消渴；皮：治一切风毒、骨节痛、肠风血痢、崩中带下、中风㖞僻、骨痛烦躁等；悬蹄烧灰：敷痈疽、散脓水。可见驴全身都是药，称为药畜、"药兽"毫不为过。

(一)药　膳

1. 驴肉五味汤　驴肉泥200克，生姜20克，花椒7粒、葱白1根，加清水700～1 000毫升，煮半小时，加少许盐制成汤。每日1

次，连服数日，可治忧愁不乐，能安心气。

2. 清煮驴肉汤 驴肉200克，煮烂去肉，空心饮汤，常服能补血益气，治劳损，驴肉亦可食用。

3. 驴头肉汁 驴头剥皮洗净，加热至骨、肉分离后，去骨、肉，将汤放冷处保存。每日温服，每次200～300毫升，治多年消渴，肉亦可食用。

4. 驴头肉姜齑汁 驴头肉200克，生姜泥50克，加清水700～1 000毫升，煮至烂熟加食盐少许。先饮汤，肉另外吃，可治黄疸。

5. 驴头豉汁汤 去皮驴头1个，清水、豆豉适量，煮至肉烂骨离。去头饮汤，次数不限。可治心肺积热，肢软骨痛，语蹇身颤，头眩晕中风后遗症。

6. 驴脂乌梅丸 驴脂适量与乌梅肉粉30克和匀成丸。未发作前服一半，治多年疟疾。

7. 生驴脂酒 取新鲜生驴脂20～40克，与等量的白酒，同服，治咳嗽。

8. 驴鞭枸杞汤 驴鞭剖开切成小块，与枸杞同煮至烂熟。吃肉喝汤，治阳痿，壮筋骨。

9. 牡驴剔骨汤 剔去肉的公驴骨头，煮汤，肉烂离骨即可。放少量盐饮用，可治多年消渴。

(二)外用药

1. 驴头骨汤 去肉驴头骨，加清水1面盆，煮30～40分钟。取此汤洗头，治头风白屑。

2. 驴脂疮疥膏 驴内脏包裹的脂肪和系膜，加热炼制。放冷处保存(不酸败)，敷恶疮、疥鲜和风肿。

3. 生脂花椒塞 生驴脂适量与花椒粉5克，捣成泥状。棉花外包塞耳内，治多年耳聋病。

4. 驴脂鲫鱼胆汁滴耳油 乌驴脂少许、鲫鱼胆1个取胆汁，加麻油20毫升和匀，注入鲜葱管中，7日后取出放入有瓶塞玻璃瓶中备用。滴耳内3滴，每日2次，治耳聋。

5. 食盐驴油膏 适量的盐和驴油调成膏，涂患处。治手足和身体风肿。

6. 驴脂 治眼中息肉，驴脂、白盐等份和匀，注两目眦头，每日3次，1个月瘥(《千金方》)。

7. 驴头骨灰 取驴头1个，火内烧透，凉后研末和油调匀，涂小儿颅解热。

8. 生驴皮治牛皮癣 生驴皮1块，以朴硝腌过，烧灰后油调搽之，此名叫《一扫光》(奇方)。

9. 驴毛 治头中一切风。用660克炒黄，投6 000毫升酒中，渍3日，空腹细饮，令醉，暖卧取汗。明日更饮如前。忌陈仓米面。

10. 驴蹄 治肾风下注生疮。用驴蹄20片(烧成灰)，密陀僧、轻粉各5克，麝香2.5克为末，敷之《奇效方》。

(三)阿　胶

1. 阿胶的功用 阿胶别名有盆覆胶、驴皮胶之称。传统的功用一为补血止血：用于血虚萎黄、头晕、心悸或吐血、鼻出血、便血、血崩等种出血。二为滋阴润燥：用于肺阴不足、肺干咳、少痰咯血、虚劳咯血、热病伤阴、虚火上炎、心烦不眠、赤热病后期、热灼真阴、虚风内动、手足抽搐。

2. 性味归经 甘、平。归肺、肝、肾经。

3. 用量用法注意事项 用量为5～15克，烊化对服。本品性质黏腻，有碍消化。如脾胃薄弱、不思饮食或纳食不消、呕吐泄泻者忌服。

4. 阿胶的加工工艺 先将带毛的驴皮放清凉水中浸泡，每日换水2次，连泡4～6天，毛能拔掉后取出。拔去所有的毛后，并以刀刮净，除去内面的油脂，切成小块，再用清水如前泡 2～5 天。放锅内加热，烧火熬制约 3 天，锅内液汁变得稠厚时，用漏勺把皮捞出，继续加水熬制。如此反复 5～6 次，直至皮内胶汁熬尽，去渣，将稠厚液体与各次所得胶汁一起放锅内用文火加温浓缩，或在出胶前 2 小时加入适量黄酒及冰糖，熬成稠膏状时，倒入涂有麻油的方盘内，冷却凝固后取出，切成 0.5 厘米厚、3 厘米宽、5 厘米长的片，放在阴凉通风处阴干，即成阿胶成品。

5. 阿胶的应用方

(1)治老人虚秘方　阿胶(不少)10 克，葱白 3 根，水煎化入蜜 2 匙温服(《千金方》)。

(2)治月经不调方　阿胶 5 克，蛤粉炒成珠，研末，热酒服即安(《秘韦昌》)。

(3)治月经不止方　阿胶炒焦为末，酒服 10 克(《秘韦昌》)。

(4)治妊娠尿血方　阿胶炒黄为末，食前粥饮 10 克(《圣惠》)。

(5)治妊娠胎动方　阿胶(炙研)100 克，香豉一升，葱一升，水三升，煮取一升，入胶化服(《删繁》)。

(6)治久咳经年方　阿胶(炒)、人参各 100 克为末。每用 15 克，豉汤一盏，葱白少许，煎服，日 3 次(《圣济总录》)。

(7)治小儿肺虚，气粗喘促方　阿胶(麸炒)45 克，牛蒡子(炒香)、甘草(炙)各 9 克，马兜铃(焙)15 克，杏仁(去皮，焙，炒)7 个，糯米(炒)30 克，上药共为细末，每服 3～6 克，水一盏，煎至 6 分，饭后温服。

(8)治妊娠腹痛、腹泻不止方　阿胶(炙)60 克，黄连、石榴皮、当归各 90 克，艾叶 45 克，上药共为细末，水 6 升，煎至 2 升，分 3 次服。忌生、冷、肥、腻。

四、驴的奶用和血清的开发

驴的综合利用是多方面的，所以驴满身全是宝，除以上介绍的许多用途外，在当今规模化、集约化养驴的情况下，很有必要进行驴的奶用和血清的开发，使其更好地造福于民。

（一）驴的奶用价值

母驴具有良好的泌乳能力。大型驴每天可泌乳 3 千克。驴奶成分与马一样，与人奶较接近，都属于白蛋白奶类。即容易溶解的白蛋白、球蛋白含量高。即使对牛、羊奶来讲不太容易溶解的酪蛋白，由于种属的差异，驴奶的酪蛋白的溶解度也较好，因而驴奶的蛋白质容易被吸收利用。驴奶乳糖含量远高于牛、羊奶。矿物质总量虽不是很高，但其活性相对较高，如钙磷比、钠钾比、铜锌比，均有利于成人和幼儿的代谢吸收。

驴奶的脂肪含量不高，但脂肪球小，易消化。胆固醇难以测出。脂肪中不饱和脂肪酸含量高，尤其是能抵消饱和脂肪酸影响的亚油酸组分含量高，而常饮驴奶可以降低血脂。驴奶可以抑杀结核杆菌，这也可能与它含有某些微量的脂肪酸有关。所以，驴的奶可作为结核病人的辅助食疗食品。奶中维生素含量较多，比牛、羊奶高 5～10 倍。可以增强机体的抗病力，驴奶也能防治胃溃疡、产后二次贫血和消化不良等疾病。各种家畜奶和人奶的营养成分见表 8-1。

表 8-1　家畜奶和人奶的营养成分表

项　目	总蛋白	其中比例		乳　糖	脂　肪	灰　分	干物质
		酪蛋白	白蛋白和球蛋白				
驴	1.90	35.7	64.3	6.2	1.4	0.4	9.9
马	2.00	50.7	49.3	6.7	2.0	0.3	11.0
牛	3.30	85.0	15.0	4.7	3.7	0.7	12.5
山羊	3.40	75.4	24.6	4.6	4.1	0.9	13.1
绵羊	5.80	77.1	22.9	4.6	6.7	0.8	17.1
水牛	4.70	89.7	10.3	4.5	7.8	0.8	17.8
骆驼	3.50	89.8	10.2	4.9	4.5	0.7	13.6
人	2.01	40.1	59.9	6.4	3.7	0.3	12.4

自古以来，在西班牙、法国、意大利和欧洲一些国家中，就有用驴奶作为辅助医疗的手段，把驴奶用作病人的滋补品和哺育婴儿的代乳品；还有的把驴奶作为美容的基础原料。

我国唐朝的孙思邈在《千金食治》中也称驴奶味甘、寒。能治疗消渴、黄疸、小儿惊痫、风热赤眼、蜘蛛咬伤、急性心绞痛等症。这说明我们的祖先对驴奶的食疗已早有认识。

（二）妊娠母驴生产的血清促性腺激素（PMSG）和健康驴血清的开发

随着当前规模养驴业的发展，这项资源大有开发价值。PMSG 是一种糖蛋白激素，具有 FSH（促卵泡素）和 LH（促黄体素）的双重作用，既可诱发卵泡发育，又可刺激排卵，而且半衰期长，作用效果没有种间特异性。家畜、经济动物、珍禽异兽均可使用，促进发育排卵、超数排卵，治疗不育症。目前，还用于人的性功能不全、性器官发育不全、子宫功能性出血等。美、英、日、德等国已将 PMSG 纯品制剂，列入国家药典，作为人体性功能障碍疾病的治疗制剂。

PMSG 是马属家畜（母马、母驴）妊娠后的子宫内膜杯状结构分泌的。妊娠 40 天左右，杯状结构形成并开始分泌 PMSG，至妊娠 150～180 天，血中 PMSG 消失。PMSG 在体内的含量受许多因素的影响，但胎体的遗传性是重要因素，见表 8-2。

表 8-2 驴、马怀不同胎体时外周血中 PMSG 效价均值

胎 体	妊娠天数					
	35 天	55 天	75 天	95 天	120 天	平均值
驴怀骡	16.7	2100	1483.3	675.0	265.0	908.0
马怀马	0	716.7	933.3	441.7	96.7	437.7
驴怀驴	36.7	350.0	423.3	250.7	175.0	247.3
马怀骡	＜10	＜10	＜10	＜10	＜10	＜10

从表 8-2 可知，驴怀骡时血清中 PMSG 效价最高，马怀骡最低。所以，我们不仅通过驴怀骡制取 PMSG，还可以通过提高驴骡的受胎率来生产高效的 PMSG。

健康驴的血清，在细胞培养、疫苗生产、生物制药等方面有着良好的应用前景。我们可以在不影响驴的健康情况下，有计划地采得。

参考文献

[1] 侯文通．驴的养殖与肉用[M]. 北京:金盾出版社,2002.

[2] 王占彬,等．肉用驴[M]. 北京:科学技术出版社,2004.

[3] 田家良．马驴骡饲养管理[M]. 北京:金盾出版社,2009.

[4] 中央农业广播学校．家畜饲养学[M]. 北京:农业出版社,1989.

[5] 刘超．可利用氨基酸饲料配制技术[M]. 北京:农业出版社,2004.

[6] 王和民．配合饲料配制技术[M]. 北京:农业出版社,1990.

[7] 李时珍(明). 本草纲目[M]. 云南:云南教育出版社,2010.

[8] 汤逸人．英汉畜牧科技词典[M]. 北京:农业出版社,1981.